施工起重机械安全管理实操手册

中国建筑业协会建筑安全分会
北京康建建安建筑工程技术研究有限责任公司 编写

中国建筑工业出版社

图书在版编目(CIP)数据

施工起重机械安全管理实操手册/中国建筑业协会建筑安全分会，北京康建建安建筑工程技术研究有限责任公司编写. —北京：中国建筑工业出版社，2016.3

ISBN 978-7-112-19185-7

Ⅰ.①施… Ⅱ.①中… ②北… Ⅲ.①建筑机械-起重机械-安全管理-手册 Ⅳ.①TH210.8-62

中国版本图书馆CIP数据核字(2016)第034885号

本书分三大部分，分别对塔式起重机、施工升降机和物料提升机，从进场查验、安装拆卸、顶升作业、作业区管理、日常检查、维修保养等关键环节入手，采用图文并茂的方式，阐述了安全注意事项、危险源辨识及事故隐患排查处理等，力求使全书通俗易懂、形象直观且实用性、可操作性强，以帮助广大建筑业企业安全管理人员及施工人员学习掌握相关安全知识，促进提高建筑安全监管机构有关人员的相应监管能力，更好地保障施工现场安全生产。

* * *

责任编辑：王华月
责任校对：陈晶晶　张　颖

施工起重机械安全管理实操手册

中国建筑业协会建筑安全分会
北京康建建安建筑工程技术研究有限责任公司　编写

*

中国建筑工业出版社出版、发行（北京西郊百万庄）
各地新华书店、建筑书店经销
北京红光制版公司制版
环球东方（北京）印务有限公司印刷

*

开本：787×1092毫米　1/16　印张：10¾　字数：262千字
2016年4月第一版　2016年4月第一次印刷
定价：**36.00**元
ISBN 978-7-112-19185-7
(28431)

《施工起重机械安全管理实操手册》

编　委　会

主　　编：张鲁风

副 主 编：王凯晖　邵长利

编　　委：（按姓氏笔画排序）

王兰英　方永山　乔　登　任占厚　肖光延

张　颖　栾启亭

编写人员：（按姓氏笔画排序）

马志远　王　启　王凯晖　王静宇　邓一兵

卢希峰　兰军利　刘　栋　任宝辉　刘跃进

闫　妍　闫丽娜　汤玉军　孙　冰　孙俊伟

杜秀龙　杜海滨　李继刚　李睿智　沈　珑

沈宏志　张　蕊　陈吉申　陈云龙　陈燕鹏

林　永　幸超群　赵子萱　高　蕊　高永虎

彭　展　解金箭　熊　琰

封面题字：张　蕊

前　言

施工起重机械是应用最为广泛的一种施工机械设备。施工机械设备伤害事故也是建筑行业多发事故的主要类型之一，特别是施工起重机械违规作业和管理不当更易造成群死群伤的重大事故。

为了做好施工起重机械安全管理工作，有效防范施工起重机械生产安全事故，中国建筑业协会建筑安全分会和北京康建建安建筑工程技术研究有限责任公司组织有关专家编写了《施工起重机械安全管理实操手册》。本书分三大部分，分别对塔式起重机、施工升降机和物料提升机，从进场查验、安装拆卸、顶升作业、作业区管理、日常检查、维修保养等关键环节入手，采用图文并茂的方式，阐述了安全注意事项、危险源辨识及事故隐患排查处理等，力求使全书通俗易懂、形象直观且实用性、可操作性强，以帮助广大建筑业企业安全管理人员及施工人员学习掌握相关安全知识，促进提高建筑安全监管机构有关人员的相应监管能力，更好地保障施工现场安全生产。

本书可作为广大建筑业企业安全管理人员、施工人员和建筑安全监管机构有关人员的学习用书，也可供相关大专院校和专业培训机构作教学参考。本书虽经反复推敲，仍难免有不妥之处，恳请广大读者提出宝贵意见。本书在编写过程中得到了山西省建筑工程技术学校的大力支持和帮助，在此表示感谢。

《施工起重机械安全管理实操手册》编委会

2015 年 12 月

目　　录

第一章 塔 式 起 重 机

第一节 概 述

一、塔式起重机的发展概况

塔式起重机（简称塔机，亦称塔吊）起源于欧洲，在建筑施工中具有适用范围广、起升高度高、操作简便等特点，在我国工程建设中得到广泛使用，尤其是对于高层或超高层建筑施工来说，更是一种不可缺少的重要施工机械。此外，在电站、水利、港口和造船的施工作业中也常有应用。

（一）国外塔机发展概况

数据表明，1900年第一项有关建筑用塔机专利诞生；1905年出现了塔身固定的装有臂架的原始塔机；1923年制成了第一台较完整的近代塔机；1930年德国开始批量生产塔机并用于建筑施工；1941年有关塔机的德国工业标准DIN8670颁布实施，首次正式规定以吊载（t）和幅度（m）的乘积（t·m）一起重力矩表示塔机的起重能力；1946年第二次世界大战结束后，随着战后重建和经济的发展，塔机在西方工业化国家高速发展，先后涌现出起重能力在100kN·m以下的雏形快装式塔机，采用大尺寸回转支承（滚珠转盘）、水母底架、塔身可以伸缩、小车变幅水平臂架的下回转折叠式整体拖运快装式塔式起重机。此后，又逐渐发展为目前广泛应用的轨道式、固定式、附着式和内爬式塔机；到了1980年初，额定起重能力达到100000kN·m，最大幅度100m，臂端起重量94.5t的超重型塔机面世，在此超重型塔机的转台上，还安装着一台起重能力为4000kN·m，其最大幅度为40m，相应起重量为10t，最大起重量为80t的辅助作业用塔机。

进入20世纪80年代以后，由于西方发达国家和中东盛产石油的一些国家的建筑业趋向衰落，国外塔机行业进入不景气状态，处于低谷境界。为了摆脱困境，增强企业竞争实力，国外塔机行业联合与兼并盛行，就生产业绩和生产实力而言，仍以法国POTAIN与BPR联合组成的集团及德国的LIEBHERR最强，LIEBHERR自行生产配套电动机和减速器，在新加坡、日本、澳大利亚等地均设有分支机构，据称其生产的塔机是首家满足ISO9002各项要求的塔机产品。目前，国外著名塔机厂家生产的塔机型号多达600余种，拥有塔机最多的国家是德国和俄国。

（二）我国塔机发展状况

我国塔机行业于20世纪50年代初期开始起步。1953年由原民主德国引进建筑师-Ⅰ型塔机；1954年，在抚顺试制成功第一台仿建筑师-Ⅰ型的QT2-6塔机；1959年，在北京试制成功第一台下回转折叠式塔机的原型号样机，经改进后定名为红旗Ⅱ-16型塔机；1962年，以QT2-6改装而成的小车变幅水平臂架内爬式塔机在北京高层建筑施工中的应用获得成功；1972年，第一台轻型轮胎式塔动两用起重机问世，该项机用作下回转塔机时，额定起重力矩为100kN·m，用作动臂吊时，主钩最大起重量为5t；1973年，第一台自行设计制造的起重能力为1600kN·m的QT_4-10型自升式塔机在北京成功投入使用，该机的改进机型有QT_4-10A、QT200，标志着我国塔机的研发和生产进入了兴旺发达时期，众多的新型塔机相继诞生；1974年，以QT3-8塔机为原型样机改造而成的上回转动臂式QT60/80塔机在北京开始批量生产，由于该机的设计文件全国共享，多个厂家相继投产，产量猛增，曾一度成为我国中高层建筑施工主体塔机之一；20世纪70年代，先后开发了ZT100、ZT120、Z80等小车变幅自升式塔机，QT_4-4/20小车变幅内爬式塔机，QTL16、QT45、QT40、TD25、QTG40、QTG60等下回转动臂自行架设快装塔机。进入20世纪80年代，相继涌现的新产品有QT80A、QTZ100、QTZ120等自升式塔机，QT60、QTK60、QT25HK等下回转快装塔机和QT90上回转动臂下顶升接高塔机。

到了20世纪80年代，随着改革开放和国际技术交流增多，我国先后由原联邦德国、法国、意大利和丹麦引进了一定数量的塔机产品，特别是1984年由法国POTAIN公司引进H3/36B、FO/23B和GTMR360B三种机型的生产许可证，通过消化吸收国外先进技术，极大地促进了我国塔机产品设计制造的技术进步，对基础部件如电动机、电器、回转支承、传动机构及安全装置等进行定点生产，一些主机生产厂还进行了相应的技术改造，从而使国产塔机的产品质量迅速提高。多家主要塔机生产厂的产品已达到或接近国外同类产品的质量水平。

进入20世纪90年代以后，我国塔机行业随着建筑行业的发展和15个塔机技术条件、技术标准和设计规范的颁布实施，塔机产量猛增。国家对塔机的生产企业实行了生产许可和制造监督检验制度，实行规范管理，使塔机研发水平和产品质量又有了新的提升。2011年由中联重科与中铁大桥局联合研制的世界最大水平臂上回转D5200-240塔机顺利下线，最大起重量达240t，是目前全球起重能力最强的塔机，多项技术世界领先；2012年由中联重科自行研制的D1250-80塔机入选吉尼斯世界纪录，是迄今全球工作幅度最长的塔机。

据不完全统计，目前我国有十余所大专院校和科研单位从事塔机的研究设计，生产塔机的工厂有近百家。根据中国工程机械工业协会统计信息部对2011年国内33家主要塔机生产企业产品生产销售的统计，总产量29831台，销售量29475台。显而易见，无论从生产规模、应用范围和拥有量等多角度来衡量，我国均堪称塔机大国。

二、塔式起重机的常见种类及基本构造原理

（一）塔式起重机的常见种类

1. 习惯分类法

塔式起重机的分类方法较多，按塔身结构划分，有上回转式、下回转式、自身附着式三大类；按有无行走机构分类，有固定式和移动式两类；按变幅方式划分，有动臂式和运行小车式两类；按起重臂支撑方式划分，有塔头式和平头式两类；按起重量划分，有轻型、中型与重型三大类；按架设方式分类，有快装式和非快装式两类。

（1）按塔身结构分类

1）上回转式塔式起重机

上回转式塔式起重机的塔身不回转，回转部分装在上部。按回转支承装置的型式，上回转部分的结构可分为塔帽回转式、转柱式和上回转平台式三种，如图1-1-1所示。

塔帽式回转起重机有上下两个支承，上支承为径向及轴向止推轴承，分别承受水平载

荷和垂直载荷，下支承多采用水平滚轮滚道装置，只承受水平力。

转柱式回转起重机吊臂装在转柱上，也有上下两个回转支承，其受力情况与塔帽式相反，上支承只承受水平力，下支承既承受水平力又承受轴向力。

转盘式回转起重机吊臂装在平台上，回转平台用轴承式回转支承与塔身连接。

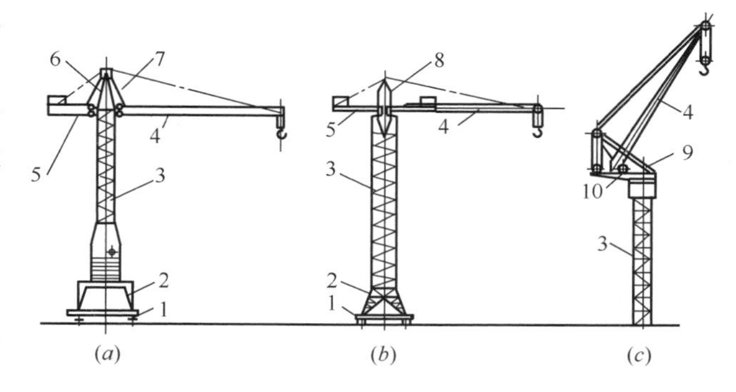

图 1-1-1　上回转塔式起重机示意图

(*a*) 塔帽回转式；(*b*) 转柱式；(*c*) 上回转平台式

1—行走台车及横梁；2—门架；3—塔身；4—臂架；5—平衡臂架；6—塔顶；7—塔帽；8—转柱；9—人字架；10—转台

上回转式塔式起重机的特点是：底部轮廓尺寸小，对建筑场地空间要求较小，不影响建筑材料堆场的使用；由于塔身不转，回转时转动惯量较小，起重能力比较大，起升高度比较高，便于改装成附着式塔式起重机，能适用多种形式建筑物的施工需要。回转支承是近 40 年在世界范围内新兴的新型机械零部件，被称为“机械的关节”，是两个物体之间需作相对运动，又同时承受轴向力、径向力、倾翻力矩的机械所必需的重要传动部件，而且构造比较紧凑、重量轻、承载力大、可靠性高。因此，转盘式回转起重机是目前应用最广泛的机型。

2）下回转式塔式起重机

下回转式塔式起重机塔身结构比较轻便，回转机构装设于下部，塔身可以转动，一般采用整体拖运、自行架设方式，拆装容易、转场快。但塔机的底部转台和平衡臂的尺度较大，并要保证塔机与建筑物的距离至少 500mm 以上的安全距离。下回转塔机多属于中小型机种，根据头部构造分为下列三种形式：

① 具有杠杆式吊臂的下回转式塔式起重机，如图 1-1-2 所示，该塔机的吊臂中部铰接于塔身顶部，虽然塔身上的附加弯矩小，变幅机构及其钢丝绳缠绕方式简单，但在载荷的作用下吊臂受弯，吊臂的高度受到塔机整体拖运的限制，只是在轻型小吨位塔式起重机上采用。

② 具有固定支撑的下回转塔式起重机，如图 1-1-3 所示，该塔机的塔身带有尖顶，起

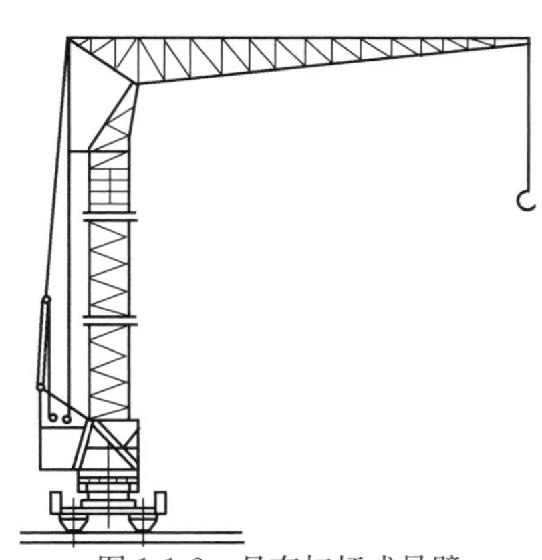

图 1-1-2　具有杠杆式吊臂的下回转式塔式起重机

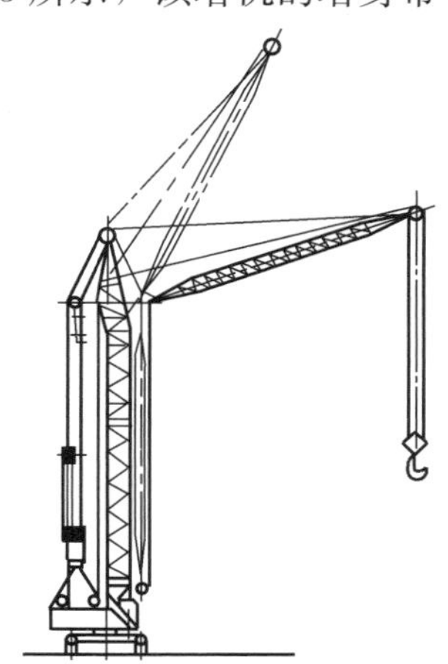

图 1-1-3　具有固定支撑的下回转式塔式起重机

人字架作用。吊臂铰接于塔顶下方，铰点与塔顶的距离，必须使变幅钢丝绳与吊臂有一定的夹角，吊臂只是一个压杆，不受弯矩的作用，但塔身要承受很大的附加弯矩。此种塔机由于头部制作费时，加之塔顶不能折叠，拖运长度较长，变幅滑轮组多，变幅钢丝绳长，且容易磨损，仅适用于中小型塔机。

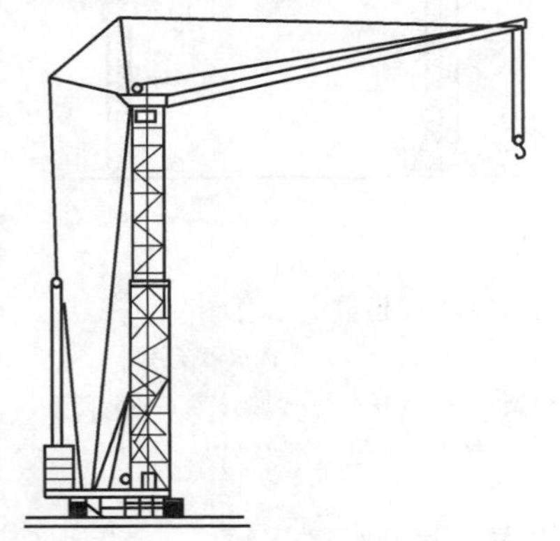
图 1-1-4 具有活动支撑的下回转塔式起重机

③ 具有活动支撑的下回转式塔式起重机，如图 1-1-4 所示，该塔机的塔身没有尖顶部分，吊臂端部铰接在塔身顶部，设在塔身顶部的活动三角形支撑起到人字架的作用。由于此种塔机塔身顶部构造简单，重量轻，拖运时撑架部分可以折放，减少了整机拖运长度，下回转塔机多采用这种型式。

下回转式塔式起重机按行走方式的不同，又可分为轨道式、轮胎式和履带式三种。

轨道式塔式起重机可以带载行走，在一个较长的区域范围内作水平运输，效率较高，工作平稳，安全可靠，应用较广。

轮胎式塔式起重机不需铺设轨道，不需辅助的拖运装置，但只能在使用支腿的情况下工作，不能进行工作幅度以外的水平运输，也不适宜于在雨水较多的潮湿地面使用。

履带式塔式起重机对地面的要求较低，运输中能够通过条件较差的路面，但机构比较复杂，转移不如轮胎式塔机方便，仅适用于施工路面很差的工地。

新生代的下回转式塔式起重机多采用伸缩式塔身、折叠式吊臂。拖运时，使塔身后倾倒在回转平台上，大大缩短了整机拖运的长度。

3）自身附着式塔式起重机

随着高层和超高层建筑大量增加，上、下回转式塔式起重机已不能满足大高度吊装工作的需要。因为，这两种塔机的塔身过高时，自重大，造价高，安装困难，而且一次要安装到最高塔身，也给设备的利用率和司机的视野等带来不利影响。一般当建筑高度超过 50m 时，就需要依靠自身的专门装置，增、减塔身标准节或自行整体爬升的上回转式塔机。这种塔机的塔身依附在建筑物上，随建筑物的升高而沿着层高逐渐爬升。

自身附着式塔式起重机可分为内部爬升（简称内爬式）和外部附着两种。

① 内部爬升塔式起重机，如图 1-1-5 所示，可安装在建筑物的内部（如电梯井、楼梯间等），通过一套爬升机构，使整机随着建筑物的高度增加而升高。它的结构和普通上回转塔式起重机基本相同，只增加了一套爬升框（或一个爬升套架）和一套爬升机构。内爬式塔机安装在建筑物的内部，不占用建筑物外围空间，其幅度可设计制造得小一些，起重能力相对设计得大一些，再加上建筑物可作为内部爬升塔式起重

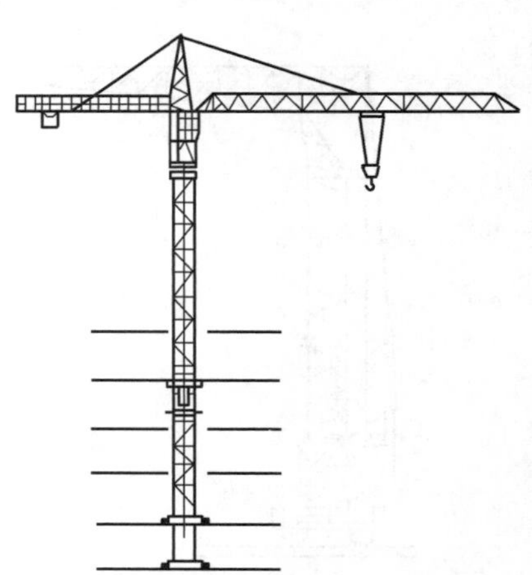
图 1-1-5 内部爬升塔式起重机

机的直接支承装置，利用建筑物向上爬升，爬升高度不受限制，塔身可以做得较短，结构较轻，造价较低，特别适用于城区改造工程。其缺点是：司机在进行吊装时不能直接看到起吊过程，操作不便；施工结束后，先利用屋面起重机或其他辅助起重设备塔机在建筑物顶上先解体，再一件一件地从顶部吊到地面上，比较费工费时；由于爬升过程中，塔机的全部重量都压在建筑物上，拆卸时塔机需要在屋顶上解体，因此建筑物的局部需要加强，使建筑物的造价增高，建筑施工复杂化。

② 外部附着塔式起重机，如图 1-1-6 所示，它安装在建筑物的一侧，底座固定在基础上，沿着塔身全高按一定的间隔距离设置若干附着装置（由附着杆、抱箍、附着杆支承座等部件组成），使塔身依附在建筑物上，将塔身和建筑物连成一体，从而较大地减少了塔身的计算长度，提高了塔身的承载能力。外附式塔机可以由普通的固定式或行走式上回转塔机改装而成，在塔身的上部装有爬升套架，爬升套架的顶部与下回转支承架连接，回转塔身则与回转上支承架相连，塔顶端部分用拉杆与吊臂和平衡臂连接，起升机构和平衡重安装在平衡臂上，变幅小车的牵引机构安装在水平吊臂的根部，回转机构安装在上回转支承的转台上，整个塔身由若干个标准节架拼接而成。

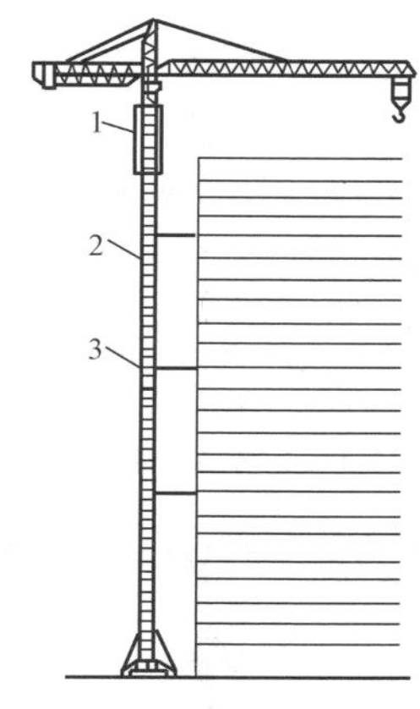

图 1-1-6　外部附着塔式起重机

1—顶升套架；2—标准节；3—附着装置

（2）按有无行走机构分类

有固定式和移动式两类。

固定式塔机塔身固定不转，安装在整块混凝土基础上或装设在条形或 X 形混凝土基础上，既可用作内爬式塔机，也可用作附着式塔机，只适用于高层建筑施工。

有行走机构的塔机底架可在铺设的行走装置（台车、轮胎、履带）上行走，故也叫移动式塔式起重机，可负载行驶，适用范围较广。但需要一个构造复杂的行走机构，造价较高，且因受到塔身刚度和稳定性的影响，行走式塔机的高度也有所限制。行走式塔机主要有轨道式、轮胎式、履带式塔机等。

（3）按变幅方式分类

1）动臂变幅式塔式起重机，如图 1-1-1（*c*）所示，它是通过改变起重臂的仰角运动进行变幅的，幅度的改变是利用变幅卷扬机和变幅滑轮组系统来实现的。其优点是：起重臂中心受压也称压杆式，受力状态好，臂架结构简单，结构断面小，自重较轻，拼装比较方便，当塔身高度一定时，与其他类型的塔机相比，具有起升高度较高的优势。但臂架的仰角受到一定的限制，有效幅度只有最大幅度的 70%左右，而且变幅机构功率较大，吊重水平移动时功率消耗大，一般是空载变幅，工作效率较低，经济效果比较差。

2）小车变幅式塔式起重机是通过起重小车沿起重臂运行来实现变幅，称之为小车变幅式或小车运行式，其起重臂始终处于水平位置，变幅小车悬挂于臂架下弦杆上，两端分别与变幅卷扬机的钢丝绳连接。在变幅小车上装有起升滑轮组，当收放变幅钢丝绳拖动变幅小车移动时，起升滑轮组也随之而动以改变吊钩的幅度。其优点是：幅度利用率高，变幅小车几乎能驶近塔身，荷载起升与变幅可同时进行，而且变幅时所吊重物在不同幅度时其高度保持不变，工作平稳，便于安装就位，工作效率高。

（4）按起重臂支承方式分类可分为塔头式和平头式两类。

1）塔头式小车变幅塔式起重机，如图 1-1-6 所示，上部结构主要由塔头、回转塔身（或上回转平台）、平衡臂、平衡臂拉杆、平衡重、起重臂及起重臂拉杆等组成，并通过铰接连接。带塔头的小车变幅式塔机和动臂变幅式塔机已有近百年的历史，在国内外塔机市场上一直占据主导地位，历史悠久，技术成熟，工艺完善，质量稳定。其缺点是：安装时需要将整条臂架和拉杆在地面上拼装好再起吊与臂架铰点及塔头连接，比较费事，塔头和拉杆受力比较复杂，计算工作量大，设计成本高；臂架除了承受垂直载荷之外，还要额外受因拉杆作用而产生的水平和向上的分力，臂架的主要受力杆件经常受到拉压交变应力的作用，使起重臂钢结构的使用寿命和安全性受到影响。而且，臂架系压弯构件，结构较重，用钢量大，在相同塔身高度的情况下，小车变幅比动臂变幅式塔式起重机的起重高度低，起重臂自重增加 18%～20%。但在现有条件下，大型塔机尤其是起重力矩 8000kN·m 以上，臂架超过 85m 的超大型塔机仍是最合适的机型。

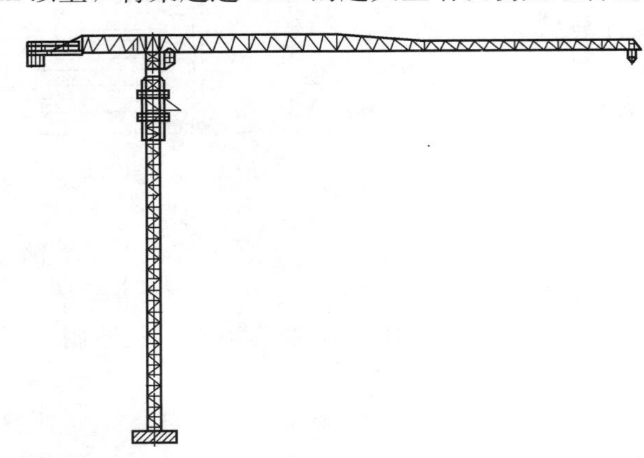

图 1-1-7 平头式小车变幅塔式起重机

2）平头式小车变幅塔式起重机，如图 1-1-7 所示，其上部结构主要包括平衡臂、平衡臂拉杆、平衡重、回转塔身与 T 字架（或上回转平台与 A 字架）等，没有传统意义上的塔头，取消了臂架拉杆，上部结构形状呈水平且均为刚性结构。由于没有塔头，无拉杆支承臂架，臂架的力学模型简单，受力明确，计算方便准确，上弦杆受拉，下弦杆受压，所有杆件受力方向不变，且因无拉杆附加力和交变应力的作用，侧向腹杆的重量可减轻，极大地提高了臂架钢结构的使用寿命和安全性。平头式小车变幅塔机还具有以下优缺点：

① 大大降低了拆装塔机对所需起重设备的要求。由于平头式塔机取消了塔头和臂架拉杆，最大安装高度比同级别的塔头式小车变幅塔机降低 10m 左右，安装方便、快捷、省时，安全。

② 非常适合对高度有特殊要求场合施工。由于平头塔的臂架更容易在空中拼装，降低了安装塔机时对施工场地和设备的要求，而且吊钩有效高度高，空间利用率高，更适合一些特殊工程的施工，如机场的改扩建以及机场附近、隧道内、厂房里和高压线下的施工。

③ 群塔施工优势明显。群塔交叉作业时，两台相邻的塔式起重机的高差至少需要 10m 以上，而平头塔机只需要 3m 左右，大型建筑施工中平头塔机群的效率更高。

④ 特别适合于对幅度变化有要求的施工场合。平头塔机臂节特殊的连接方式及没有塔头和臂架拉杆，使其吊臂的逐节拆装非常简易、安全，施工过程中如需要改变吊臂的长度（加长或缩短）时都不需拆下整个吊臂。

⑤ 由于平头塔机的臂架是悬臂梁结构，受力状况不好，其自重比同级别的塔头式小车变幅塔机重5%～15%，对于较大型号的平头塔机来说，臂架自重的增加更加明显，从而削弱了塔机的起重能力。此外，平头塔机臂架根部节的尺度较大，外形尺寸过大不利于运输等。

3）综合变幅塔式起重机，如图1-1-8所示，是指根据作业的需要可以折弯臂架的塔式起重机。它同时具备动臂变幅和小车变幅的功能，从而在起升高度与幅度上弥补了上述两种塔机使用范围的局限性。这种变幅采用一套折臂式组合式的臂架系统。该臂架由钢丝绳、人字架、A字架及后臂架组成平行四边形的后段和由钢丝绳、A字架及前臂架组成的三角形前段，中间由铰链连接而成。当变幅滑轮组钢丝绳绕进时，两段臂架相对曲折，但前段在变幅中其轴线仍与轨面平行，如同水平臂架一样，只是小车只能沿着前段水平臂架运行，变幅范围减小。当两端折弯成90°时，后段臂架垂直接高塔身，提高了起升高度。吊钩可有两种工作方式：一种是水平移动方式，当两段臂架不曲折时，可在吊臂全长范围内工作，曲折后只能沿着前段水平臂架工作。另一种方式是将吊钩固定于臂架的最前端，只能随着臂架的摆动而变幅，如同动臂变幅方式一样。这种折叠臂变幅的方案，结构和机构相对较为复杂，成本有所增加，工作效率有所降低，但在一些特殊场合，如冷却塔、旧城改造等施工应用较为广泛。

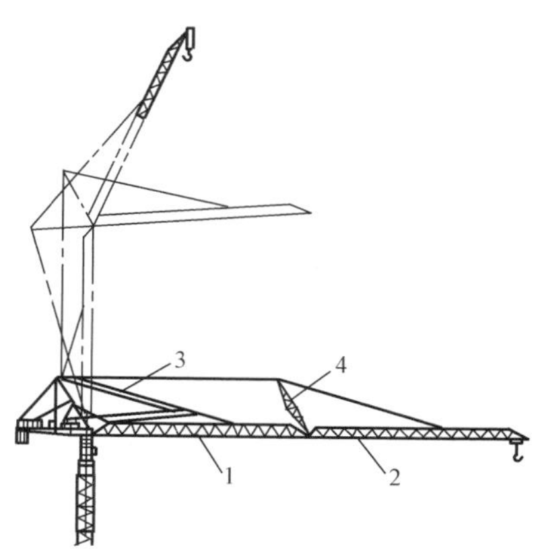

图1-1-8　综合变幅塔式起重机
1—后臂架；2—前臂架；
3—变幅滑轮组；4—A字架

（5）按起重量分类

按照塔式起重机式起重能力大小，可分为轻型、中型和重型三种。

1）轻型，起重量为0.5～3t，一般用于5～6层以下的民用建筑施工中。

2）中型，起重量为3～15t，一般用于高层建筑施工和工业建筑的吊装。

3）重型，起重量为20～40t之间甚至更大，适用于重工业厂房和设备的吊装，以及高炉、钢铁厂、火力和水力发电厂的建筑施工。

（6）按架设方式分类

按照塔式起重机架设方式的不同，可分为快装式和非快装式两类。

1）快装式，能够进行折叠运输、自行整体架设的下回转式塔式起重机。

2）非快装式，需要借助辅助机械设备进行组拼和安装的上回转式塔式起重机。

2. 行业标准分类法

根据国家标准《塔式起重机》（GB/T 5031）的要求，塔式起重机的型号由企业自己制定，但应包含塔式起重机的最大起重力矩，单位为吨米（t·m）。

例如，额定起重力矩800kN·m的上回转自升式塔式起重机的产品型号为QTZ80。

现在也有很多企业的编号规则仍旧沿用过去的方法，其来源是已经作废的行业标准《建筑机械设备与产品型号编制方法》（JG/T 5093—1997），其分类见表1-1-1。

塔式起重机产品的类、组、型划分应符合表1-1-1的规定。例如，额定起重力矩800kN·m的上回转自升式塔式起重机的产品型号为QTZ80。

建筑机械设备与产品型号编制方法　　**表 1-1-1**

类	组		型		特性	产品		主参数代号		
名称	名称	代号	名称	代号	代号	名称	代号	名称	单位	表示法
建筑起重机	塔式起重机	QT（起塔）	轨道式	—	—	上回转塔式起重机	QT	额定起重力矩	kN·m	主参数 $\times10^{-1}$
					Z（自）	上回转自升塔式起重机	QTZ			
					A（下）	下回转塔式起重机	QTA			
					K（快）	快装塔式起重机	QTK			
			固定式	G（固）	—	固定式塔式起重机	QTG			
			汽车式	Q（汽）	—	汽车塔式起重机	QTQ			
			轮胎式	L（轮）	—	轮胎塔式起重机	QTL			
			履带式	U（履）	—	履带塔式起重机	QTU			
			组合式	H（合）	—	组合塔式起重机	QTH			
			内爬式	P（爬）	—	内爬式塔式起重机	QTP			
			附着式	F（附）	—	附着式塔式起重机	QTF			

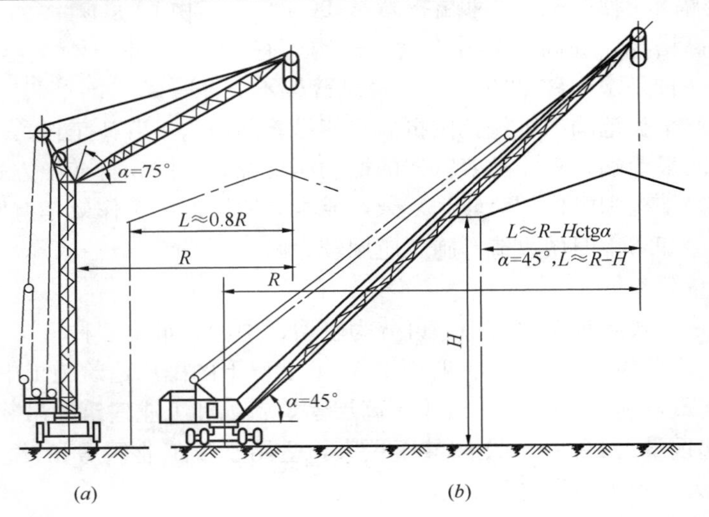

图 1-1-9　幅度利用率比较图示

（*a*）塔式起重机；（*b*）直线臂轮胎起重机

（二）塔式起重机的基本构造及原理

1. 塔式起重机的特点

塔式起重机属于一种非连续性搬运机械，是工业与民用建筑施工中完成预制构件及其他建筑材料与工具等吊装工作的主要设备。在高层建筑施工中其幅度利用率比其他类型起重机高。如图 1-1-9 所示，由于塔式起重机能靠近建筑物，其幅度利用率可达全幅度的 80%，普通履带式、轮胎式起重机幅度的利用率不超过 50%，而且随着建筑物高度的增加还会急剧地减少。塔式起重机能将一个构件或一件设备或其他重物、材料准确地吊运到建筑上的任一部位，吊运的方式和吊运速度胜过任何其他起重设备，包括体形大而纵长的整束钢筋、钢筋骨架或大型钢结构构件均能便捷地吊装就位，优势明显。

从施工安全的角度分析，塔式起重机的工作特性可包括如下：

(1) 塔式起重机通常结构庞大，机构复杂，能完成起升、变幅、回转和大车运行4个运动，起升高度和工作幅度较大，起重力矩大。在作业过程中，常常是几个不同方向的运动同时操作，技术难度较大。

(2) 所吊运的重物多种多样，载荷是变化的，有的重物重达几百吨乃至上千吨，有的物体长达几十米，有的则是散状的，形状也很不规则，吊运过程复杂而危险。

(3) 大多数塔式起重机需要在较大的空间范围内运行，有的要装设轨道和车轮，有的要装上轮胎或履带在地面上行走，活动空间大，一旦造成事故影响的范围较大。

(4) 视野开阔。塔式起重机的驾驶室随着建筑物的升高而上升，驾驶员可以看到吊装的全过程，方便操作。

(5) 暴露的、活动的零部件较多，且常与吊运作业人员直接接触（如吊钩、钢丝绳等），潜在许多偶发的危险因素。

(6) 作业环境复杂。塔式起重机广泛应用于工业与民用建筑、机场港口、水电站、火电厂、核电站、公路桥梁和铁路枢纽等工作场地，作业场所常常会遇有高温、高压、易燃易爆、输电线路、强磁辐射等危险因素，对设备和作业人员构成威胁。

(7) 作业中常常需要多人配合，每一个操作都要求指挥、捆扎和驾驶等作业人员配合默契、运作协调、互相照应，作业人员应具有处置现场紧急情况的能力，多个作业人员之间的密切配合难度较大。

综上所述，了解和熟悉塔式起重机基本构造及原理，掌握正确的塔机安装拆卸、操作使用、维护保养常识，对于施工安全是十分必要的。

2. 塔式起重机的型号

塔式起重机型号编制方法多样化，国家有关部门曾做出统一规定，但塔机生产企业为了显示本企业品牌，都另有一套表达方式。大多数的型号编制如图 1-1-10：

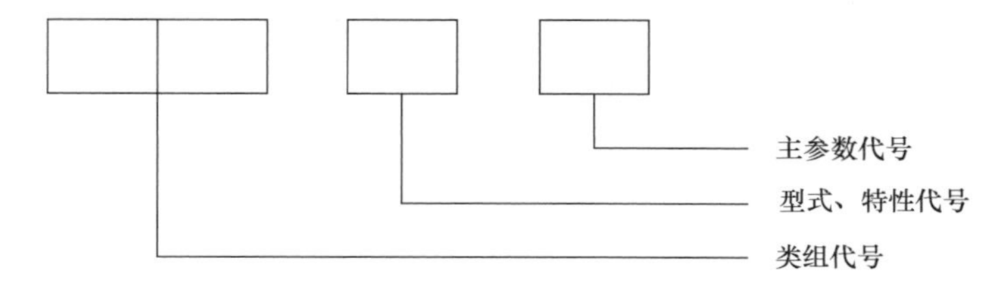

图 1-1-10　型号编制

标记示例：

公称起重力矩 400kN·m 快装式塔式起重机：QTK400；

公称起重力矩 600kN·m 固定式塔式起重机：QTG600；

公称起重力矩 1000kN·m 自升式塔式起重机：QTZ1000。

有些生产企业采用 t·m 为起重力矩的计量单位，上述三种产品的型号则标记为 QTK40、QTG60、QTZ100。

有些颇具影响的塔机生产厂家采用厂名代号代替类组代号，或以注册品牌代号代替类组代号，省略型式代号，主参数采用国外的标记方式进行编号，即以最大幅度和最大限度幅度起重量两基本参数主参数代号。此外，还用t·m代替kN·m，以适应市场习惯。

3. 塔式起重机的性能参数

塔式起重机的参数包括基本参数和主参数。

（1）基本参数见表1-1-2。

塔机基本参数及定义（据GB/T 5031） **表1-1-2**

名词术语	定义
幅度（m）	塔机空载时，塔机回转中心线至吊钩中心垂直线的水平距离。作为基本参数之一的幅度，又包含最大幅度和最小幅度。在采用小车变幅的情况下，最大幅度就是小车行至臂架头部端点位置时，塔机回转中心线至吊钩中心垂直线的水平距离，当小车处于臂架根部端点位置时，幅度为最小；在采用俯仰变幅臂架的情况下，最大幅度就是当动臂处于接近水平或与水平夹角为13°时，从塔机回转中心线至吊钩中心垂直线的水平距离，用$L_{最大}$或L_{max}表示。当动臂仰角达到最大（65°～73°）时，幅度为最小
起升高度（m）	塔机运行或固定独立状态时，空载、塔身处于最大高度，吊钩处于最小幅度处，吊钩支承面对塔机基准面的允许最大垂直距离。对于动臂变幅塔机，起升高度分为最大幅度起升高度和最小幅度起升高度
额定起升载荷（t）	在规定幅度时的最大起升载荷，包括物品、取物装置（吊梁、抓斗、起重电磁铁等）的重量
轴距（m）	同一侧行走轮的轴心线或一组行走轮中心线之间的距离
轮距（m）	同一轴心线左右两个行走轮或左右两侧行走轮组、轮胎或轮胎组中心径向平面间的距离
起重机重量（t）	包括平衡重、压重和整机自重
尾部回转半径（m）	回转中心线至平衡重或平衡臂端部最大距离
额定起升速度（m/min）	起吊各稳定运行速度挡对应的最大额定起重量，吊钩上升过程中稳定运动状态下的上升速度。多层钢丝绳卷绕的卷筒按外层钢丝绳中心计算和测量
小车变幅速度（m/min）	起吊最大幅度时的额定起重量、风速小于3m/s时，小车稳定运行的速度
全程变幅时间（min）	对动臂变幅塔机，起吊最大幅度时的额定起重量、风速小于3m/s时，臂架仰角从最小到最大角度所需要的时间
回转速度（r/min）	塔机在最大额定起重力矩状态、风速小于3m/s、吊钩位于最大高度时的稳定回转速度
运行速度（m/min）	空载、风速小于3m/s，起重臂平行于轨道方向时塔机稳定运行的速度
慢降速度（m/min）	起升滑轮组为最小倍率，吊有该倍率允许的最大额定起重量，吊钩稳定下降时的最低速度

（2）塔式起重机的主参数（表1-1-3）

塔式起重机的主参数是公称起重力矩。所谓公称起重力矩，是指基本臂长时最大幅度与相应额定起重量重力的乘积（kN·m）。

塔式起重机主参数（kN·m）系列（JG/T 5037）　　表 1-1-3

公称起重力矩	100	160	200	250	315	400	500	600
	800	1000	1250	1600	2000	2500		
	3150	4000	5000	6300				

4. 常用国产塔式起重机新产品技术性能

近年的国产塔机部分新产品外形见图 1-1-11～图 1-1-14。

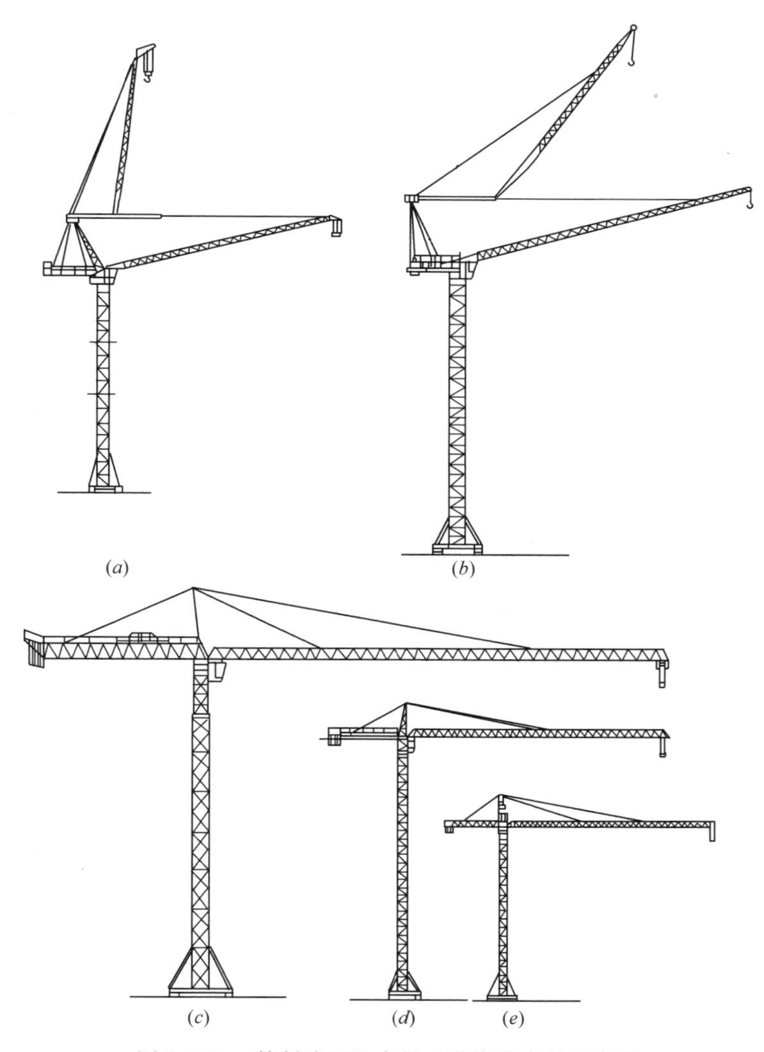

图 1-1-11　某制造厂生产的 5 种塔机产品示意图

(a) D80 动臂式塔机；(b) 160 动臂式塔机；(c) 7050 小车变幅自升式塔机；(d) 4010 小车变幅自升式塔机；(e) 3208 小车变幅自升式塔机

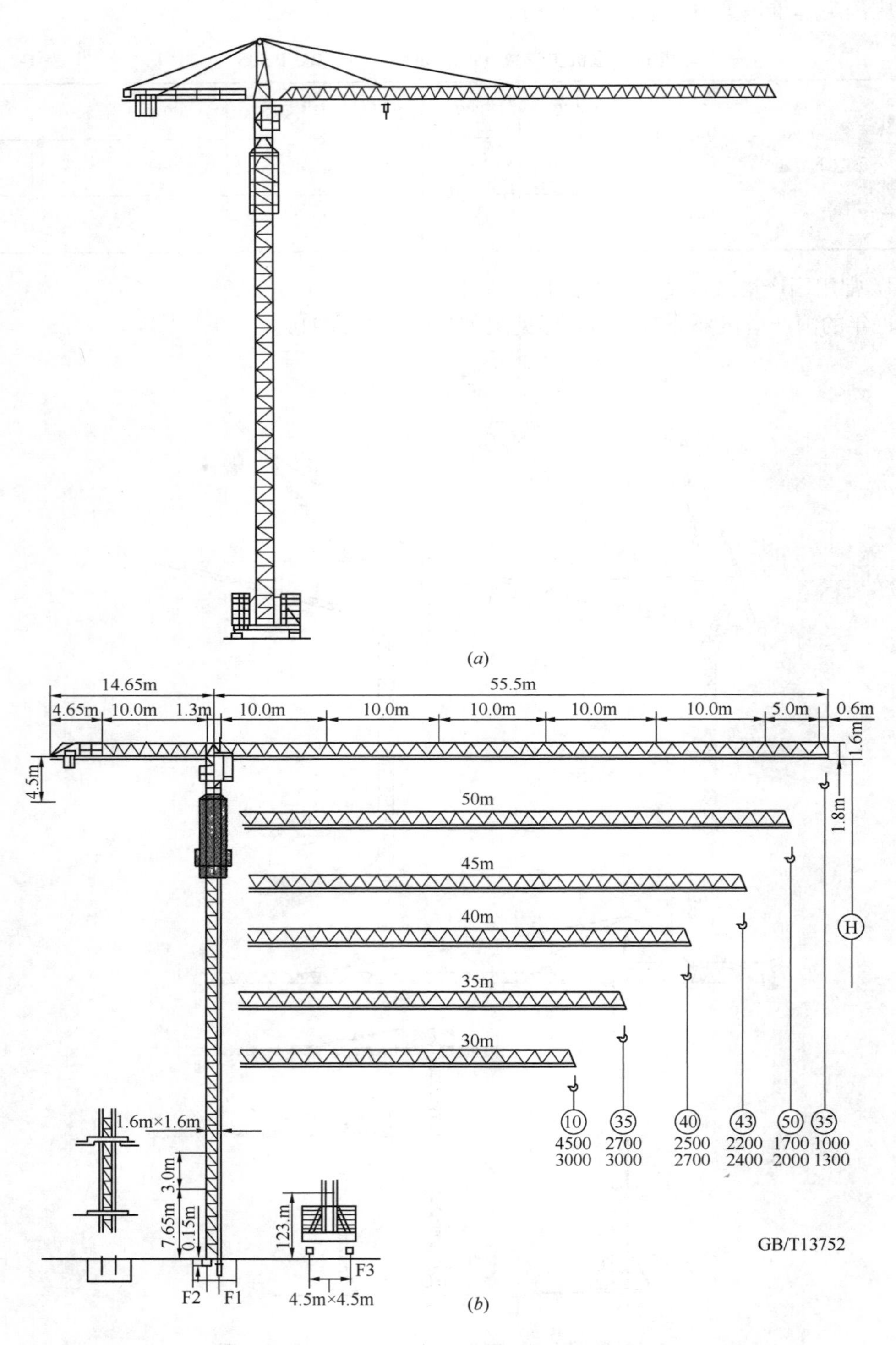

图 1-1-12　中国北方两种塔机新产品示意图

(*a*) TC-100 型塔机；(*b*) 平头式塔机

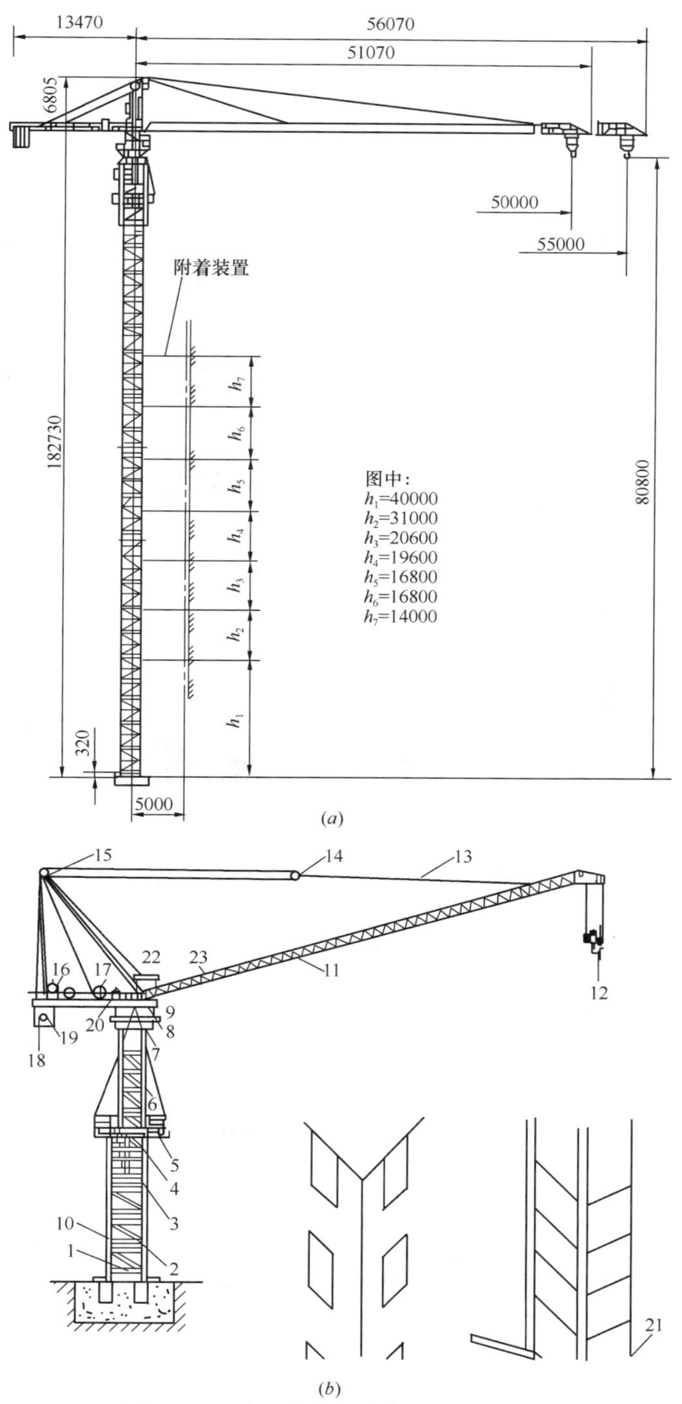

图 1-1-13 中国南方两种塔机产品示意图

(*a*) TC-5518 型塔机；(*b*) QT900 型动臂式塔机

1—基础节架；2—标准节架；3—液压顶升机构；4—内套架；5—自升操作平台；6—内套节架；7—回转下支承架；8—回转上支承架；9—回转机构；10—第一节架；11—起重臂架；12—吊钩；13—拉杆；14—变幅滑轮组；15—人字架；16—变幅机构；17—起升机构；18—平衡重移动机构；19—平衡重；20—平衡臂；21—附着装置；22—司机室；23—顶升专用吊钩

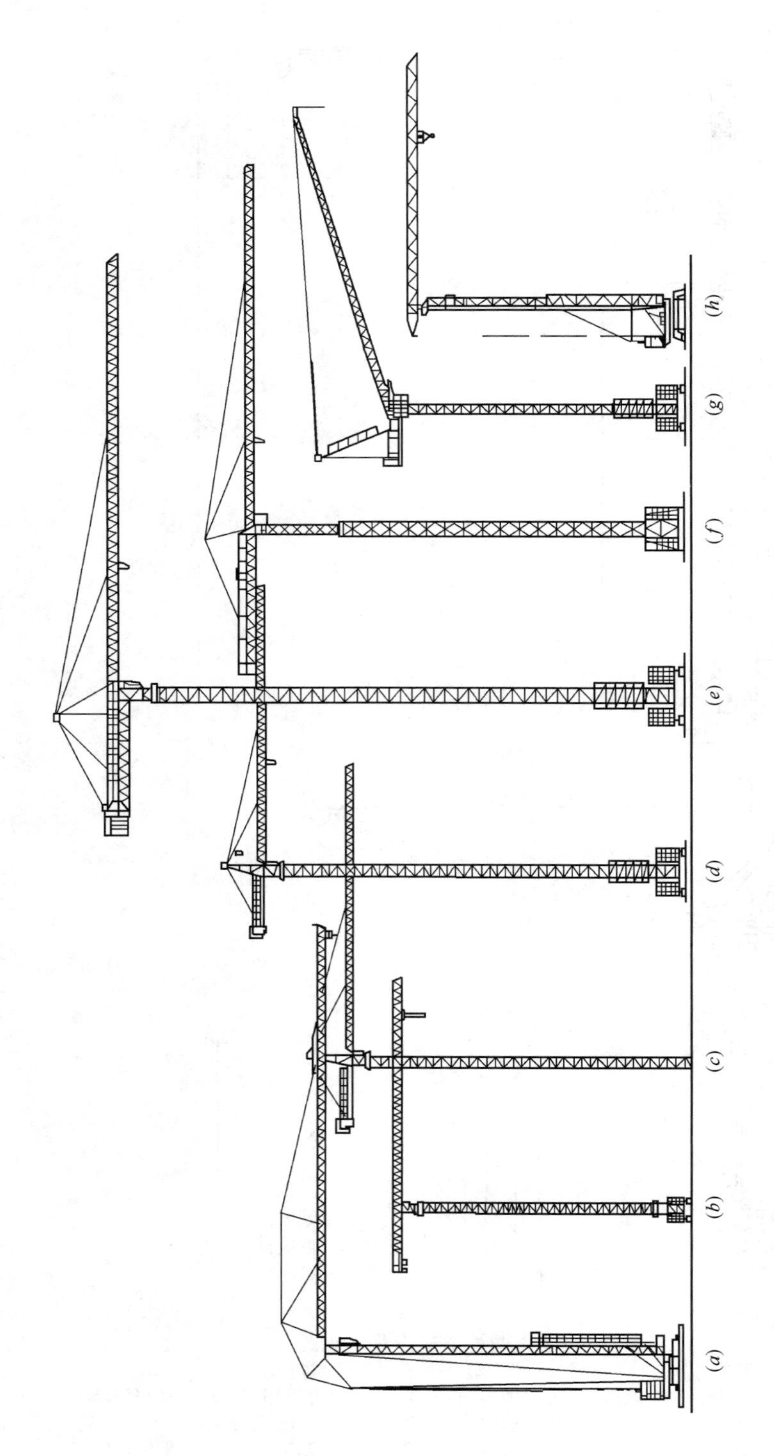

图 1-1-14 沈阳建机厂部分塔机新产品示意图

(a) GTMR360B 型下回转快装式塔机；(b) QTZ315 型平头自升式塔机；
(c) E15/15 型小车变幅水平臂自升塔机；(d) H25/14、F0/23B 型小车变幅水平臂自升塔机；
(e) M125 (100) /75 型小车变幅水平臂自升塔机；(f) K50/56 型小车变幅水平臂自升塔机；
(g) FL25/30 型俯仰变幅动臂式自升塔机；(h) QTK25 型下回转快装式自升塔机

5. 塔式起重机的基本构造及原理

任何一台塔式起重机，不论其技术性能还是构造上有什么差异，均可以将其分解为金属结构、工作机构、驱动控制系统和安全防护装置四个部分。

(1) 塔式起重机的金属结构

塔式起重机的金属结构主要由塔身、塔头或塔帽、起重臂架、平衡臂架、回转支承架、底架、台车架等主要部件组成，见图 1-1-1。对于特殊的塔式起重机，由于构造上的差异，个别部件会有所增减。金属结构是整机的骨架，承受着整机的自重以及作业时各种外载荷，是塔机的主要组成部分，其重量占整机重量的一半以上。金属结构的设计是否合理，对减轻自重、提高起重性能、降低消耗和提高其可靠性至关重要。

几种不同塔身标准节构造示意图见图 1-1-15。塔头水平臂小车变幅塔式起重机臂架根部节、头部节与连接架示意图见图 1-1-16。几种起重臂架结构形式图示见图 1-1-17。

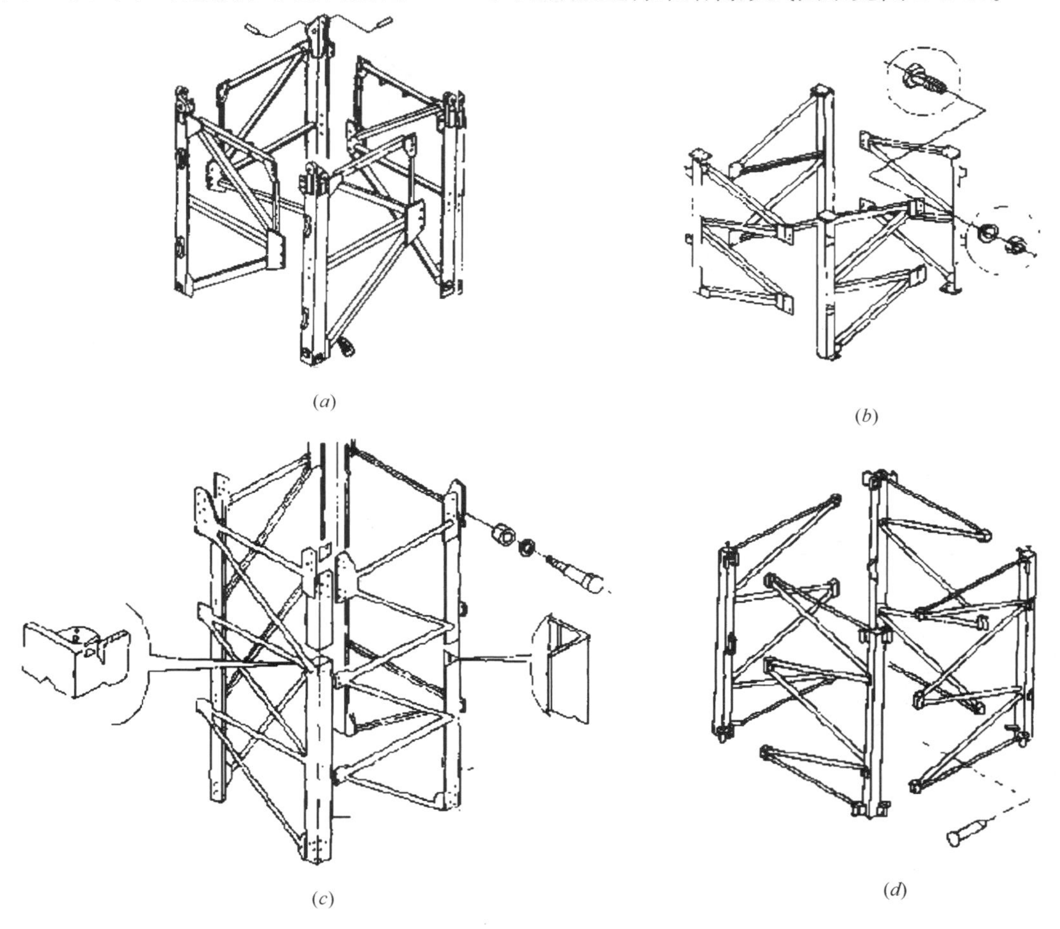

图 1-1-15　几种不同塔身标准节构造示意图

(*a*) 主弦杆及腹杆均采用角钢，节与节之间采用鱼尾板销轴连接的片式拼装塔身节；
(*b*) 主弦杆及腹杆均采用角钢，节与节之间采用法兰盘螺栓连接的片式拼装塔身节；
(*c*) 主弦杆及腹杆均采用角钢，节与节之间采用连接板螺栓连接的片式拼装塔身节；
(*d*) 主弦杆及腹杆均采用方管，节与节之间采用套柱螺栓连接的片式拼装塔身节

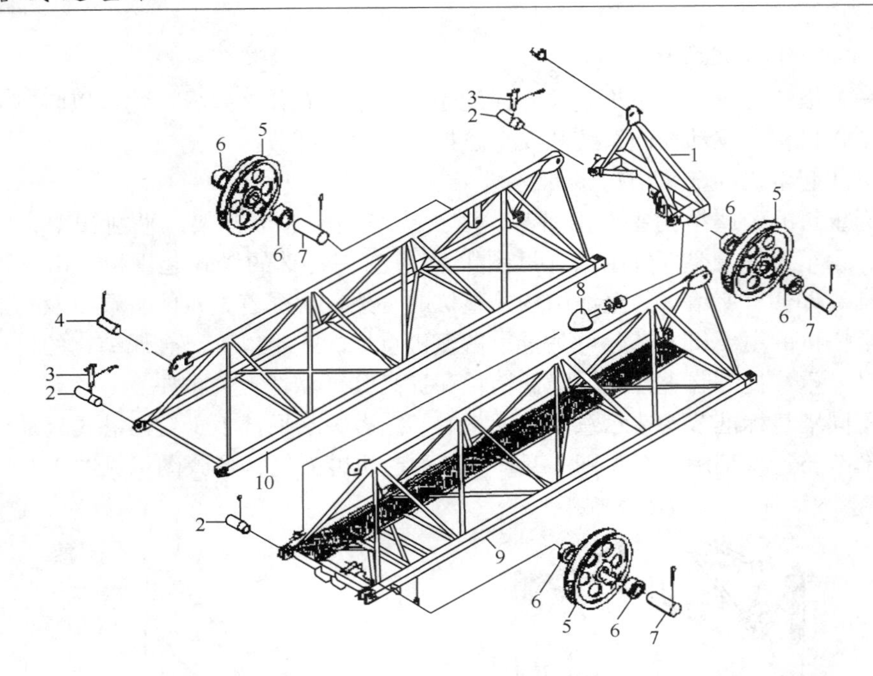

图 1-1-16 塔头水平臂小车变幅塔式起重机臂架根部节、头部节与连接架示意图

1—头部节连接架；2—下弦杆连接销轴；3—定位销；4—上弦杆连接销轴；5—导向滑轮；6—挡圈；7—滑轮轴；8—小车缓冲止挡装置；9—臂架根部节；10—臂架头部节

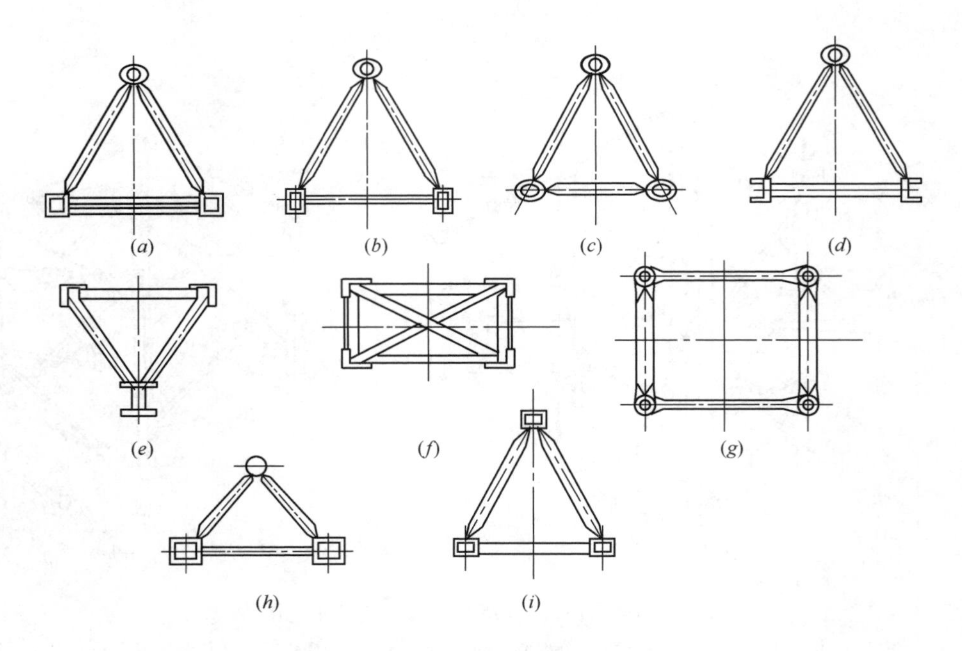

图 1-1-17 几种起重臂架结构形式图示

(*a*)、(*b*)、(*c*)、(*d*) 上弦杆均为圆钢管的正三角形截面；(*e*) 倒三角形截面；(*f*)、(*g*) 矩形和方形截面；(*h*)、(*i*) 下弦杆为方钢管的正三角形截面

(2) 塔式起重机的工作机构

工作机构是为实现塔式起重机不同的机械运动要求而设置的各种机械部分的总称。例如，一台性能完善的自升式塔式起重机，往往装备起升机构、动臂变幅机构或小车变幅机构、回转机构、大车运行机构和顶升机构等，动臂变幅机构兼有架设和变幅两种功能。有的还有其他各种辅助性的机构，如载人电梯、维修起升机构专用的吊车等。这些机构所完成的功能是：起升机构实现物品上升或下降；动臂变幅机构和小车变幅机构改变吊钩的幅度位置；回转机构使起重臂架作 360°的回转，改变吊钩在工作平面内的位置；大车运行机构使整台塔机移动位置，改变其作业地点，一般情况下其大车运行机构只适合塔高 40～60m 以下使用，行走式塔机超过规定的行走高度使用时必须将改装为固定附着式塔式起重机；顶升机构使塔机的上部塔身和回转部分升降，从而改变塔机的工作高度。

起升机构、动臂变幅机构和小车变幅机构在构造上极为相似，均由电动机、联轴器、减速器和卷筒等部件组成。为了提高塔机的生产率，上述机构的各工作机构既可单独工作，也可根据需要作 2～3 个机构的组合动作，且均应具有较高的工作速度，并要求从启动到全速运行，或从全速运行到制动低速就位过程都能平稳进行，避免产生较大的冲击，对工作机构和塔机的金属结构产生破坏性影响。由于塔机起升高度高，起重臂架长，起重大，对工作机构的调速系统要求更高。塔式起重机工作机构在塔机中的安装位置及原理简图如图 1-1-18 所示。

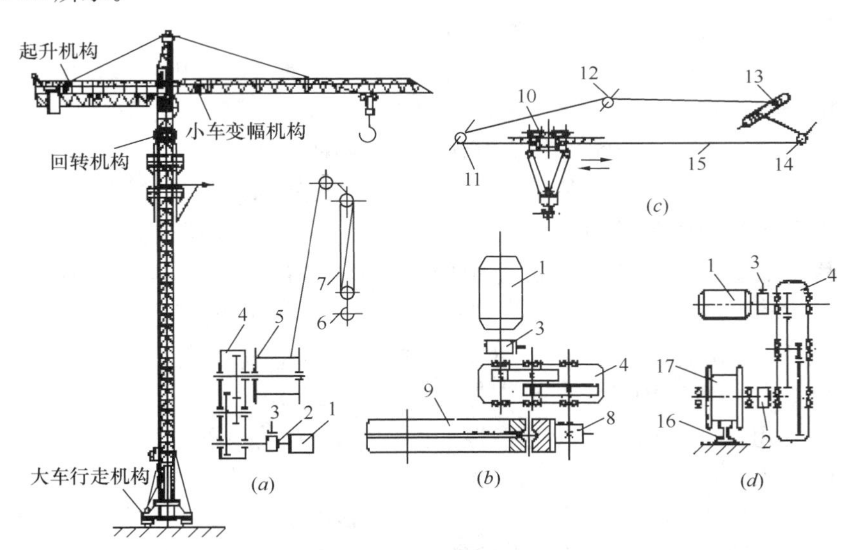

图 1-1-18　塔式起重机工作机构在塔机中的位置及原理

(*a*) 起升机构；(*b*) 回转机构；(*c*) 小车变幅机构；(*d*) 运行机构

1—电动机；2—联轴器；3—制动器；4—减速器；5—卷筒；6—吊钩；7—滑轮组；8—小齿轮；9—回转支承；10—变幅小车；11—吊臂端部导向滑轮；12—张紧轮；13—变幅机构传动装置；14—吊臂根部导向滑轮；15—钢丝绳；16—轨道；17—车轮

1) 塔式起重机的起升机构

塔式起重机的起升机构主要由驱动装置、传动装置、制动装置和工作装置四个部件组成，如图 1-1-19 所示。

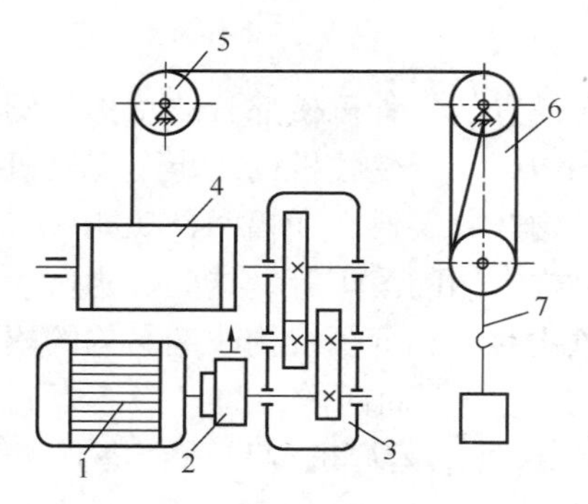

图 1-1-19 塔式起重机起升机构示意图

1—电动机；2—联轴器；3—减速器；4—卷筒；5—导向滑轮；6—滑轮组；7—吊钩

电动机 1 通过联轴器 2 和减速器 3 相连，减速器输出轴上装有卷筒 4。它通过钢丝绳和安装在塔身或塔顶上的导向滑轮 5 及起重滑轮组 6 与吊钩 7 相连。电动机工作时，卷筒将缠绕在其上钢丝绳卷进或放出，通过滑轮组使悬挂于吊钩上的物品起升或下降。当电动机停止工作时，制动器通过弹簧力将制动轮刹住。

塔机的起升机构驱动方式可分为四大类，即绕线式电机驱动、笼型电机驱动、交直流电机驱动和液压驱动。前两类起升机构应用最广，后两种仅在极少数重型塔机上采用。根据调速系统的特点，绕线转子异步电动机驱动和笼型异步电动机驱动的起升机构又可分为 10 种以上采用不同调速系统的起升机构。但广泛应用的仅有 6 种：绕线式电动机串接可变电阻调速系统；带制动器的三速笼型异步电动机驱动的起升机构；带制动器的三速笼型异步电动机驱动、配用电磁铁换挡 2 挡位减速器的起升机构；2 台绕线转子异步电动机驱动的起升机构；装有涡流制动器的绕线式电动机，并配以 3 挡位或 4 挡位电磁换挡器的起升机构；采用变频器的带制动器笼型异步电动机驱动起升机构。下面介绍 4 种常用的起升机构。

① 绕线转子异步电动机串接可变电阻调速起升机构

这种由绕线转子异步电动机驱动、串接可变电阻调速的起升机构主要用于轻型快装塔式起重机。由于绕线式电动机本身具有较好的启动特性，通过在转子绕组中串接可变电阻，以凸轮控制器控制，从而实现平稳启动和均匀调速的要求。

如图 1-1-20 所示，控制器手柄置于前进“1”挡位置时，控制器触头 Q2-1、Q2-3 闭合，电动机定子及制动电磁铁通电，制动器松开，电动机转子带动全部串接电阻启动运行，其机械特性如图 1-1-20（*c*）Ⅰ。控制器手柄置于前进 2、3、4 挡位时，触头 Q2-2、Q2-2 及 Q2-4，Q2-2、Q2-4 及 Q2-6 分别相继闭合，电动机转子串接与此对应的电阻，Q2-2、Q2-4、Q2-6 相继短接［图 1-1-20（*b*）中的 2、3、4］，电动机在各挡位运行时的机械特性如图 1-1-20（*c*）中的Ⅰ、Ⅲ、Ⅳ。在控制器手柄置于 5 挡位置时，电动机转子串接电阻 R 全部短接，电动机的运行特性如图 1-1-20（*c*）中的Ⅴ，电动机的转速为 n_v，即进入正常运转状态。

由上可见，绕线转子异步电动机转子回路中串接电阻越多，在同等阻转矩作用下，电动机运行的机械特性硬度越小，转速也越低。因此，在轴负载不变的情况下，电动机转速随转子串接电阻珠减少而加快，反之则速度降低。

这种控制调速系统可分别用于起升、小车牵引、回转和大车行走机构，用作起升机构的控制和调速系统时，电动机运行特性如图 1-1-20（*d*）所示。吊钩上的重物迫使起升机构朝下降方向旋转。当电动机接通电源，控制器手柄置于起升位置时，如电动机的电磁转矩大于由吊载产生的阻转矩，电动机便向起升方向转动。通过改变转子串接电阻值，可保证电动机的运行特性，并且能在载荷作用下调节电动机的转速。当电动机得电反转下降时，吊重不只是克服摩擦阻力，而且能在促使电动机加大下降速度并很快达到同步速度。达到同步速度以后，电动机开始进入发电制动状态，克服吊重的力矩而制动。

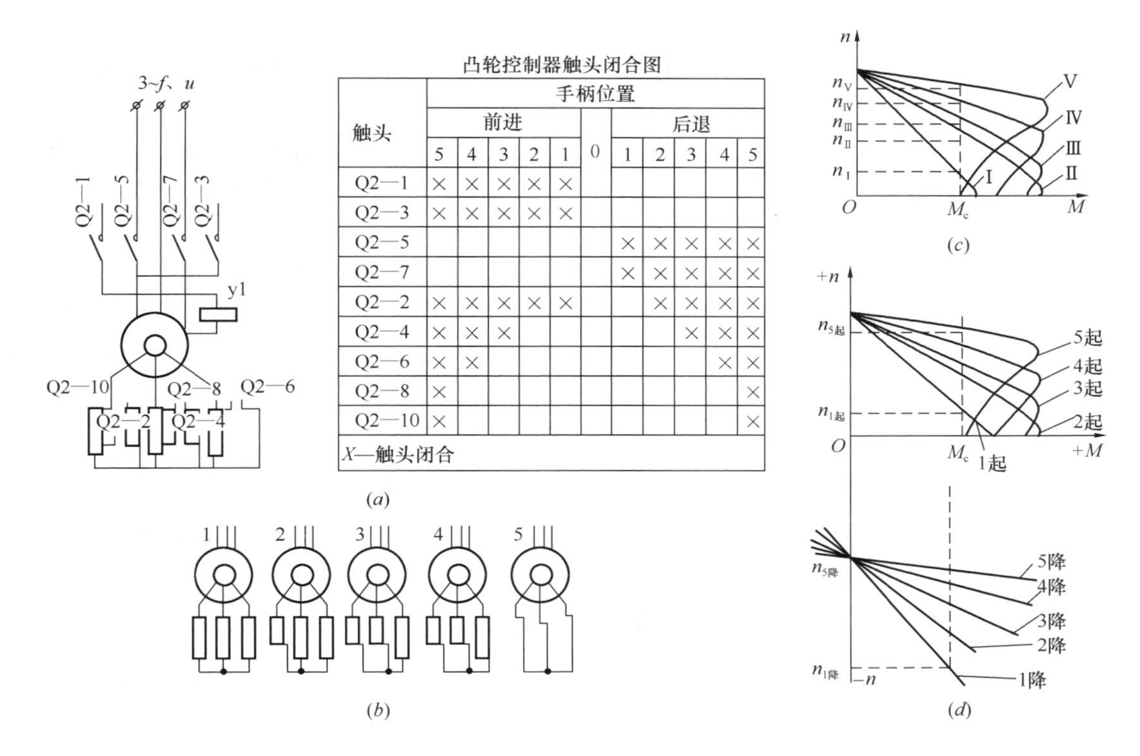
凸轮控制器触头闭合图

触头	手柄位置										
	前进					0	后退				
	5	4	3	2	1		1	2	3	4	5
Q2—1	×	×	×	×	×						
Q2—3	×	×	×	×	×						
Q2—5							×	×	×	×	×
Q2—7							×	×	×	×	×
Q2—2	×	×	×	×	×			×	×	×	×
Q2—4	×	×	×						×	×	×
Q2—6	×	×								×	×
Q2—8	×										×
Q2—10	×										×

X—触头闭合

图 1-1-20 调速系统控制原理图采用绕线转子异步电动机转子串接可变电阻，以凸轮控制器进行操纵的起升机构

(*a*) 采用凸轮控制器控制的电气原理及触头闭合图；(*b*) 凸轮控制器在 1—5 挡时转子串接变阻器分别短接图；(*c*) 电动机采用凸轮控制器操纵时的机械特性图；(*d*) 采用凸轮控制器控制时起升机构电动机运行的机械特性

下降时，电动机转子电阻全部被短接，吊重下降速度可加大到比同步速度快 5%～10%的程度。这时，增加转子串电阻并不能使吊重速度减慢。相反，增加转子串电阻时，吊重的下降速度反而加快。由此可见，仅仅在起升比较重的重物时，通过改变串接电阻值可起到调节起升速度的作用。如果起升较轻的重物，采用改变串接电阻的方法，实际上起不到预想的调速作用。在下放吊钩时（不论是空钩或重钩），无论是切断转子电阻或增加串接电阻，其下降速度总是接近或超过同步速度。

② 双绕线转子异步电动机驱动调速起升机构

这是法国坡坦公司生产的 FO/23B 等塔机采用的起升机构，称为 RCS 系统，目前已国产化。两台带制动器的绕线转子异步电动机完全相同，通过速比 1∶2 的齿轮副相连，一台为 PV 电动机（低速电动机），另一台为 GV 电动机（高速电动机）。两者作用相反。一台接通交流电源后成为驱动电动机，另一台则用作制动电动机，其组成见图 1-1-21，升降调速运作原理图见图 1-1-22。

图 1-1-21 中 1 是起升卷筒，2 是圆锥齿轮减速器，3 是两台外形相同的电动机，它们由减速器 2 中的圆柱正齿轮耦合在一起，减速器 2 中的大齿轮与两电动机所带小齿轮的传动比分别为 99/38 和 99/19，形成了两电动机对卷筒产生高速和低速的不同效果。

这种起升机构通过在电路中串电阻数的不同而构成不同的缓行器，可以产生五种不同的速度。起升时，前三挡均以低速电动机为驱动电机，高速电动机为缓行器，这三挡是由在缓行器中不串电阻、串电阻少和串电阻多而划分的，从而获得了起升速度中的慢、较慢、稍快的效果。第四挡是低速电动机驱动，高速电动机不通电，形成了较快的起升速度。第五挡是高速电动机驱动，低速电动机不通电，形成了快速起升速度。下降时，用低速电动机构成缓行器、高速电动机驱动，获得前三挡的速度，而由低速和高速电动机分别驱动，获得第四、第五挡的速度。

这种起升机构的特点是：机械传动系统比较简单，整个调速过程由电路来实现，速度由缓行器中串接的电阻决定，调速性能好；可在负载运动过程中调速；不论起升速度如何，均能以最大速度进行空钩下降，从而提高生产效率；吊载可以安全准确就位，安装精度高；通过延时继电器的控制，可以实现无极加速和减速，最大调速范围达 1∶40，工作平稳。其缺点是总装机容量较大和工作中能耗较高。

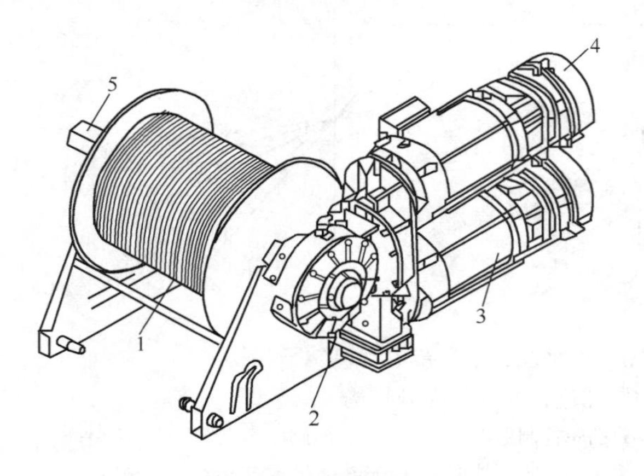

图 1-1-21　RCS 型双绕线转子异步电动机驱动调速起升机构示意图

1—卷筒；2—减速器；
3—绕线转子异步电动机；
4—制动器；5—限位开关

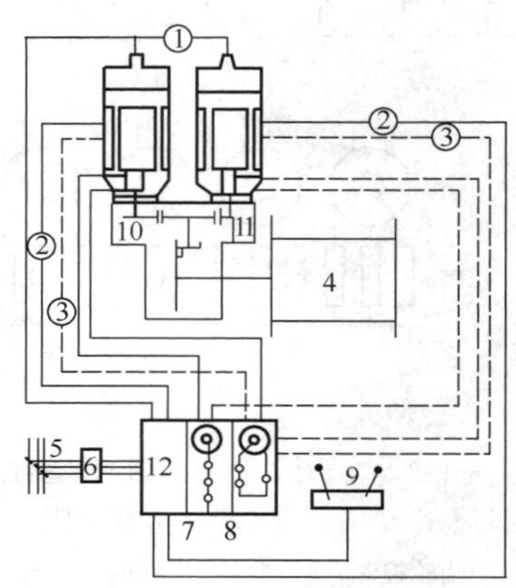

图 1-1-22　双绕线转子异步电动机驱动起升机构运作原理图

1—电磁制动器控制回路；2—电动机交流电源；3—制动器减速电流（涡流制动电流）；4—卷筒；5—380V 电源；6—相控开关；7—转子回路；8—涡流制动回路；9—主合控制器；10、11—小齿轮；12—控制台

这种双绕线转子异步电动机驱动调速起升机构，其电动机在各切换步序的运行功能如表 1-1-4 所示。

RCS 型起升机构起升过程双绕线式电动机运作特性图示表　　表 1-1-4

切换档次	PV 电动机（低速电机）		GV 电动机（高速电机）	
	功　能	特点说明	功　能	特点说明
1	驱动电动机	全部转子电阻在运作低速	制动电动机	全部转子电阻均短接，制动电流达到最大值。

续表

切换档次	PV 电动机（低速电机）		GV 电动机（高速电机）	
	功 能	特点说明	功 能	特点说明
2	驱动电动机 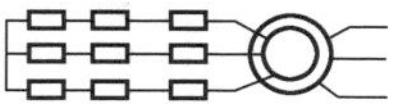	全部转子电阻均串接	制动电动机 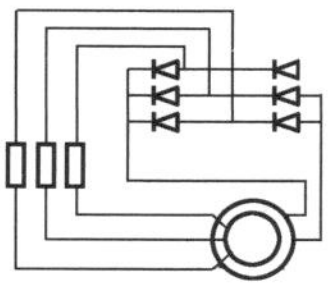	制动作用减弱速度增大
3	驱动电动机 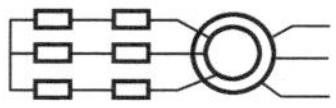	一组转子电阻已短接	制动电动机 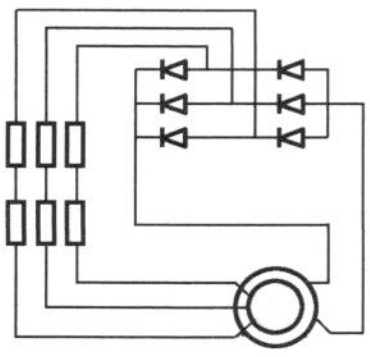	制动作用减至最小
4	驱动电动机 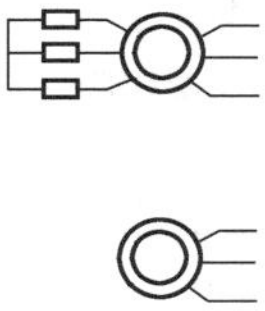	随着延时短接转子电阻，速度逐渐增加直至达到低速		制动作用不复存在
5		电机电源切断	驱动电动机 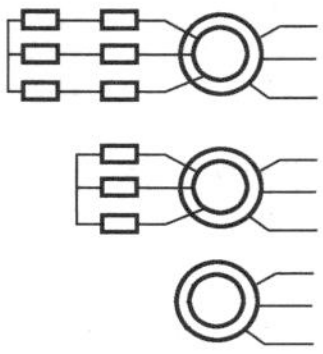	在延时短接最后一组转子电阻后达到高速
6	制动电动机 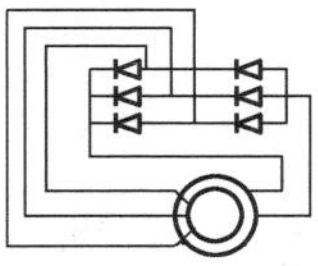	最大制动作用，极慢速度		电动机不接电
7	制动电动机 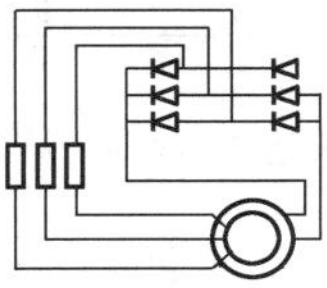	制动作用减小，降速作用减缓	驱动电动机 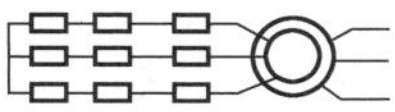	电动机得电全部转子电阻均串接低速

续表

切换档次	PV电动机（低速电机）		GV电动机（高速电机）	
	功　能	特点说明	功　能	特点说明
8	制动电动机	制动作用减至极小，速度增加	驱动电动机	全部转子电阻均在运作
9	驱动电动机	通过延时短接转子电阻，使速度逐渐加快直至形成低速		
10			驱动电动机	在延时短接最后一组转子电阻之后，可得一高速度

③ 变频调速起升机构

这种调速起升机构装有一个串入一台普通交流电动机回路中的变频装置，使 380V/50Hz 三相交流电力网转变为一个可变的三相交流电力网，其电压变动范围为 0～380V，频率变动范围为 0～150Hz 或 200Hz，调节器幅度视需要而定。通过一个调控器，使笼型电动机在变换的频率和电压条件下以所需求的转速进行运转。利用这种变频技术，可使电动机功率得到较好发挥，取得无级调速效果，从而更好地提高塔机的功效。

图 1-1-23 为一台采用变频装置的起升机构传动简图。采用变频装置起升机构实现速度无级调节的速度吊载关系曲线图，如图 1-1-24 所示。

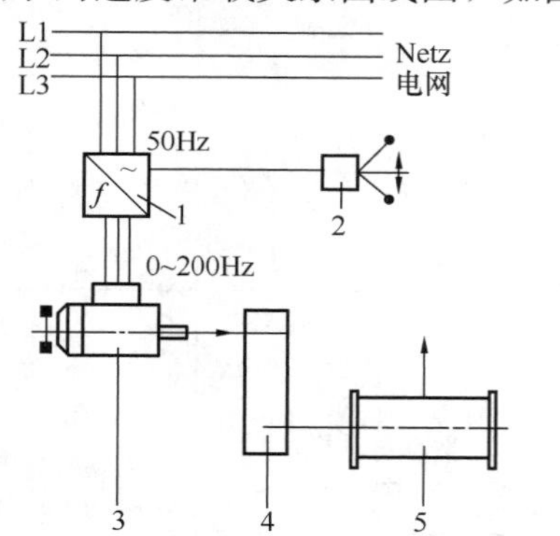

图 1-1-23　采用变频装置的起升机构传动简图

1—变频装置；2—调控器；3—带制动器的笼型电动机；4—传动装置；5—钢丝绳卷筒

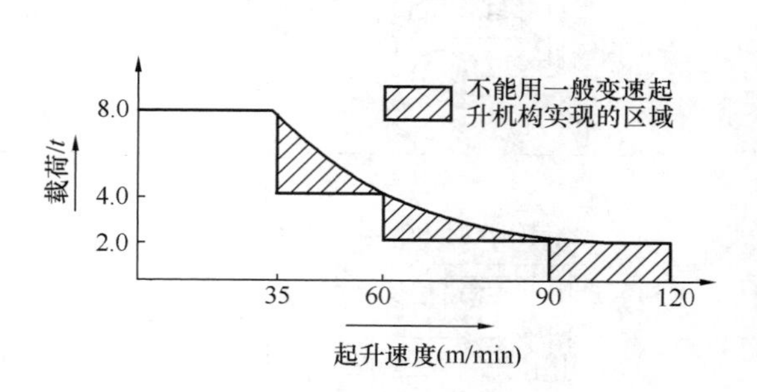

图 1-1-24　采用变频装置起升机构实现无级调速的速度吊载关系曲线图

这类变频调速技术发展很快，目前国内外塔机新产品的起升机构都趋向采用这种调速技术。法国 POTAIN 公司生产的 LVF 变频调速起升机构用于 MC300 型塔机新产品上，据称起升时功效可提高 40%，下降时功效可提高 70%，功率需要亦减小。

④ LMD 无级调速起升机构

这种起升机构由下列部件组成；主副电动机（均是笼型电动机）、电磁离合器、液压换挡变速器、对比鉴别器、放大器、减速器、测速电机、钢丝绳卷筒、制动器、停止器、相控开关和远控操纵台等组成。

LMD 无级调速起升机构工作原理图见图 1-1-25。主笼型电动机 1 以恒定转速和连续负载运行方式拖动电磁离合器 2，钢丝绳卷筒由具备 2 挡速度的减速器 6 驱动，减速器通过电磁离合器 2 来改变速度。钢丝绳卷筒的一端法兰盘上装有液压松闸盘式制动器 12，在停止吊运时，可制住卷筒不动。液压机组 10 用来操纵减速器的换挡和盘式制动器的松闸和抱紧程度。由集成电路插件构成的对比鉴别器 4 和放大器 5 用来控制电动机与电磁离合器之间的滑动。通过测速电动机 8 测量卷筒转速得出电压，再通过对比鉴别和放大调整。相控开关 14 是一个安全装置，无需辅助电源，可保护电动机不被因缺相而烧毁。LMD 无级调速起升机构的优点是：速度快和生产率高；由于具有自行通风散热构造的离合器，故可无级调速并迅速达到最大速度；由于能无级调速不论减速器的挡位如何，均能得到小而接近于零的最低速度，这对于达 20～50t 重载的安全准确就位极为重要。此外，由于电动机总是空载启动，对建筑工地供电条件要求简化，可减小工地变压器容量。盘式制动器既用作吊运重物时的安全制动器，也用作非工作状态的止动器，后者仅在卷筒停止运转后起作用，故无磨损。

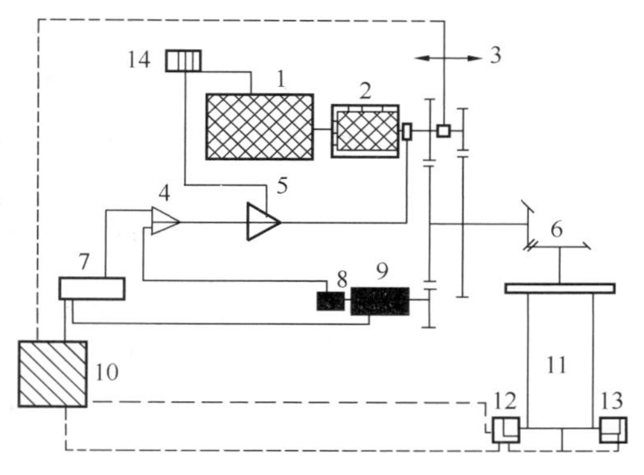

图 1-1-25　LMD 无级调速起升机构简图

1—主电动机；2—电磁离合器；3—液压换挡变速装置；4—对比鉴别器；5—放大器；6—减速器；7—远控操纵台；8—测速电动机；9—副电动机；10—液压机组；11—卷筒；12—制动器；13—减速制动器；14—相控开关；

LMD 无级调速起升机构是由法国 POTAIN 公司引进的技术，主要用于重型和超重型塔式起重机。四川厂生产的 C6024、C7022、C7050、M900 和 H3/36B 塔式起重机均采用这种起升机构。

2）塔式起重机的变幅机构

塔式起重机的变幅机构按变幅方式，可分为运行小车式和动臂式两种。

① 运行小车式变幅机构

运行小车式变幅方案是通过移动小车来实现的，主要由电动机、减速器、卷筒、制动器和机架组成。工作时吊臂安装在水平位置，小车由变幅牵引机构驱动，沿着吊臂上的轨道移动。其优点是：变幅时重物水平移动，给安装工作带来了方便，速度快，效率高，幅度有效利用大。它的缺点是吊臂承受压、弯载荷共同作用，受力状态不好，结构自重较大。

运行小车式变幅机构的工作原理见图 1-1-26 所示。小车 1 被支承在吊臂的下弦杆上，

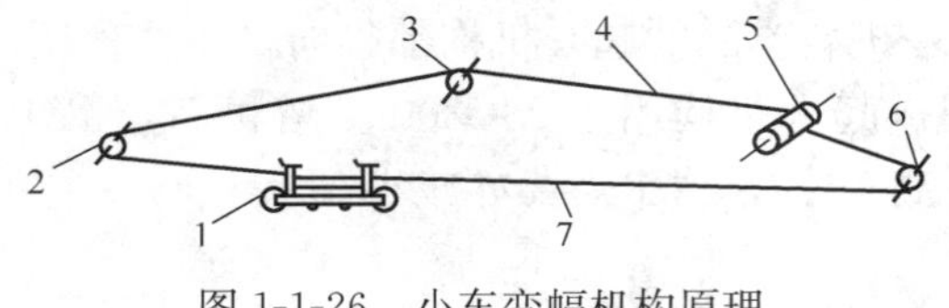

图 1-1-26 小车变幅机构原理

1—运行小车；2、3、6—导向滑轮；4、7—变幅钢丝绳；5—卷筒

当卷筒 5 在机构的驱动下旋转时，牵引绳 4 和 7 中有一个被卷入，另一个被放出，牵引小车沿吊臂向一侧运动。当卷筒反向旋转时，小车又向另一侧运行。

② 动臂式（也称臂架式变幅）变幅机构

动臂式变幅方案是通过钢丝绳滑轮组使吊臂俯仰摆动来实现的。动臂式变幅机构与普通卷扬机的结构差不多，由电动机、制动器、联轴器、减速器和卷筒等组成。由于整个吊臂结构及载荷都是由变幅绳支持，要特别注意变幅机构的安全可靠。为了增加机构的安全可靠性，防止变幅过程中的超速现象，在变幅机构中有时还装设特殊的安全装置，如图 1-1-27 所示的载荷自制式制动器。它安装在减速器内的传动轴上，传动轴 1 与变幅机构原动机连接，齿轮 2 将动力传给卷筒，轴 1 和齿轮 2 用螺纹副连接，吊臂自重使齿轮 2 逆时针方向转动，并始终压紧棘轮 3。因此，传动轴在朝上方转动（顺时针转）时，吊臂能正常提升；一旦停止运动，吊臂就能得到可靠制动。若传动轴朝吊臂下降方向转动（逆时针转）一角度，由于螺纹副作用迫使齿轮 2 向右移动，并与棘轮 3 脱开，齿轮 2 能在吊臂自重作用下朝下降方向转动（逆时针转），即吊臂在该时间内下降。与此同时，齿轮 2 由于螺纹副作用重新压紧棘轮 3，吊臂停止下落。只要在下降方向连续转动轴 1，吊臂就能连续降落，而且齿轮 2 的转速不可能超过传动轴 1 的转差，落臂速度受到限制，所以变幅是安全的。有些动臂变幅机构也有采用双制动器，以确保变幅的安全可靠性。

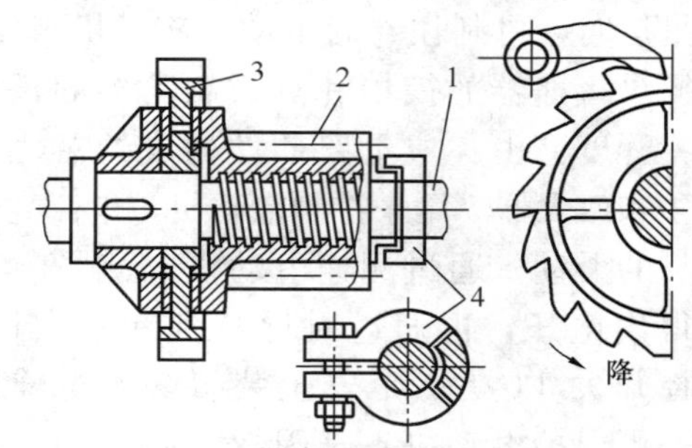

图 1-1-27 载荷自制式制动器

1—传动轴；2—传动齿轮；3—棘轮；4—定位件

动臂变幅式塔式起重机具有较大的起升高度，拆装比较方便，臂架结构受力状态好；其缺点是幅度的利用率较低，变幅速度不均匀，重物一般不能水平移动，变幅功率较大。

变幅机构的构造及组成与起升机构相似，只是电动机的功率较小。以调速系统为例，可分为三类：绕线式电动机串接可变电阻调速、变频调速和双速笼型电动机调速。前两种调速系统的工作原理已经在起升机构中作了介绍，现只对后一种调速系统的工作原理作简要介绍。

双速笼型电动机的定子有两种不同极数的线圈，采用主令控制器控制，分别接通不同极数的定子线圈，使电动机以不同的转速运转，从而得到两种不同的变幅速度。图 1-1-28 为双速笼型电动机驱动变幅机构的电气原理及机械特性曲线图。

控制器手柄置于前进“1”挡位置时，触头 S1-1 及 S1-3 闭合。同时，通过接触器线圈 K1 通电，使接触器 K1 触头闭合。触头 S1-3 使时间继电器 K5 吸合，并通过自锁触头 K1 使低速接触器 K3 动作。接触器线圈 K4 回路中的继电器触头 K5 及触头 K3 则断开。电机定子线圈的极数分别为 16 极和 6 极，16 极线圈通电，电机以低速 n_{I} 运行，见图 1-1-28（*b*）中机械特性Ⅰ。控制器手柄置于前进“2”挡位置时，触头 S1-3 断开，触头 S1-4 吸合，接触器 K3 及时间继电器 K5 释放。联锁触头 K3 闭合，接通接触器线圈 K4 的回

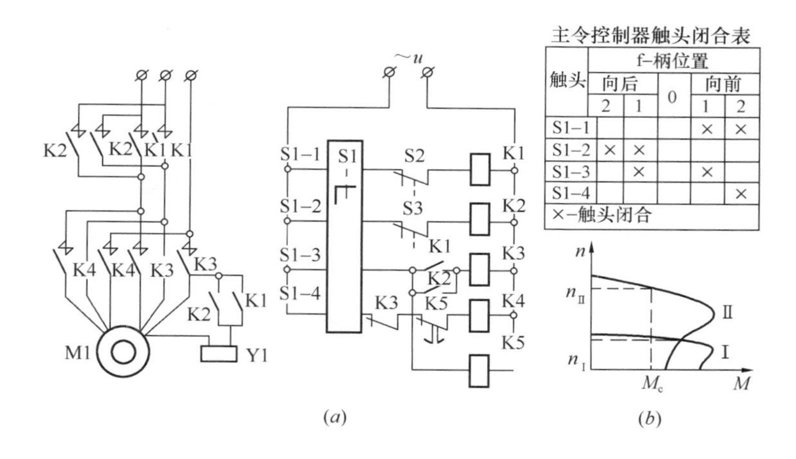

主令控制器触头闭合表

触头	f-柄位置 向后 2	向后 1	0	向前 1	向前 2
S1-1				×	×
S1-2	×	×			
S1-3		×		×	
S1-4					×
×-触头闭合					

图 1-1-28 双速笼型电动机驱动变幅机构的电气原理及机械特性曲线图
(*a*) 电气原理图；(*b*) 机械特性曲线图

路。随着延时作用的终结，时间继电器 K5 吸合，从而使线圈 K4 得电。由于接触器 K4 与 6 极定子线圈接通，接触器 K3 断开 16 极定子线圈的电路，电机以高速 $n_{Ⅱ}$ 运行，其特性曲线如图 1-1-28（*b*）中Ⅱ。

为了适应 50～70m 长水平臂架的需要，采用 2 极或 3 极笼型电动机调速的小车牵引机构，使小车速度达到 10～80m/min 是比较合适的。近年来，随着变频技术的发展，采用变频调速的变幅机构可使小车运行速度实现 0～80m/min 的无级变速。

3）塔式起重机的回转机构

塔式起重机的回转运动，在于扩大机械的工作范围。当吊有物品的起重臂架绕塔机的回转中心作 360°的回转时，就能使物品吊运到回转圆所及的范围以内。这种回转运动是通过回转机构来实现的。

回转机构由回转支承装置和回转驱动装置两部分组成。在实现回转运动时，为塔式起重机回转部分提供稳定、牢固的支承，并将回转部分的载荷传递给固定部分的装置称为回转支承装置；驱动塔式起重机的回转部分，使其相对塔式起重机的固定部分实现回转的装置称为回转驱动装置。

① 回转支承装置

回转支承装置简称回转支承。在塔式起重机中主要使用柱式和滚动轴承式回转支承装置。柱式回转支承装置又可分为转柱和定柱两种。

转柱式回转支承装置如图 1-1-29 所示。塔机的起重臂架和平衡臂架均通过横梁装在转柱上，转柱安装在塔身顶部的中央。当转柱被驱动装置带动时，起重臂架和平衡臂架随之回转。其特点是结构简单，制造方便，适用于起升高度和工作幅度以及起重量较大的塔式起重机。

定柱式回转支承装置如图 1-1-30 所示，塔身顶部为定柱，塔帽罩在塔尖上，顶部设有径向止推轴承，塔帽下部设有由回转大齿圈形成的滚道，供装在塔顶井架上的支承滚轮沿滚道回转。当塔帽作 360°的回转时，装在其上的起重臂架及平衡臂架随之一起回转。其特点是结构简单，制造方便，起重机回转部分的转动惯量小，自重和驱动功率较小，能使起重机的重心降低。

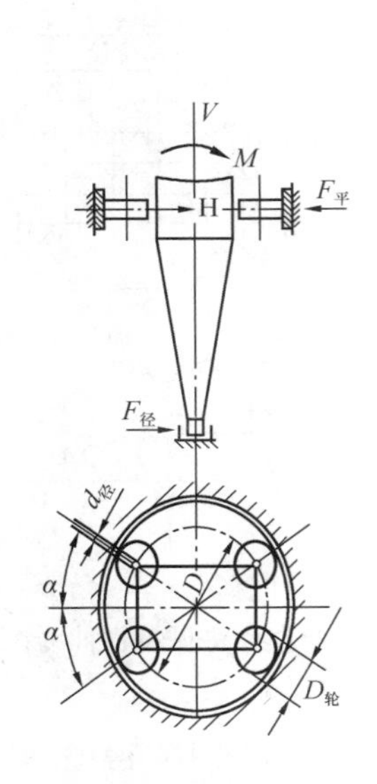

图 1-1-29　转柱式回转支承装置

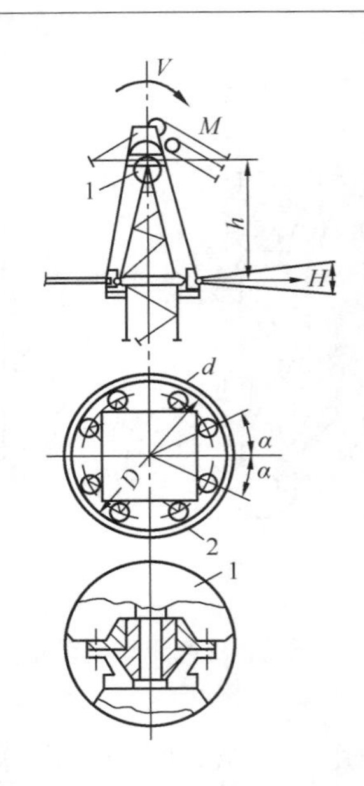

图 1-1-30　定柱式回转支承装置

1—径向止推轴承；2—支承滚轮

滚动轴承式回转支承装置是近年来新兴的新型机械零部件，是两个物体之间需作相对运动，又同时承受轴向力、径向力、倾翻力矩的机械所必需的重要传动部件，而且构造比较紧凑，重量轻，承载力大，可靠性高。因此，滚动轴承式回转支承装置在目前应用最为广泛。

滚动轴承式回转支承装置主要由内外座圈、滚动体及隔离体等组成。根据滚动体的形状，可分为滚球式与滚柱式两类。根据滚动体的排数，可分为单排、双排和三排等，见图 1-1-31。

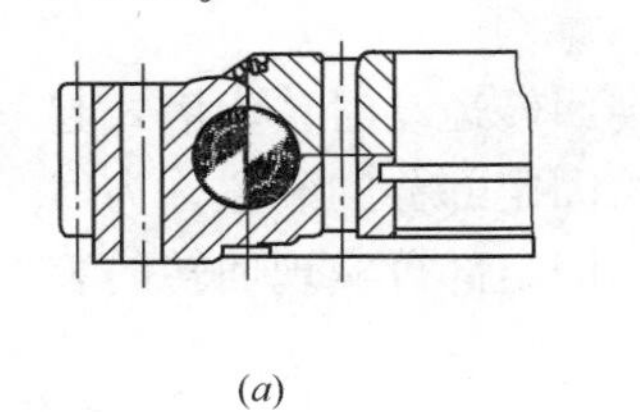

(*a*)

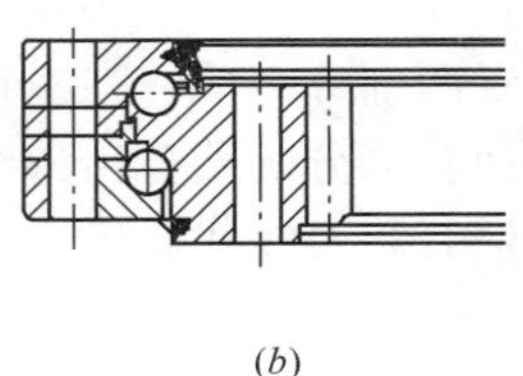

(*b*)

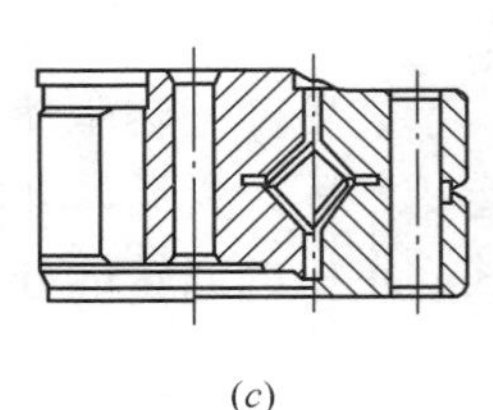

(*c*)

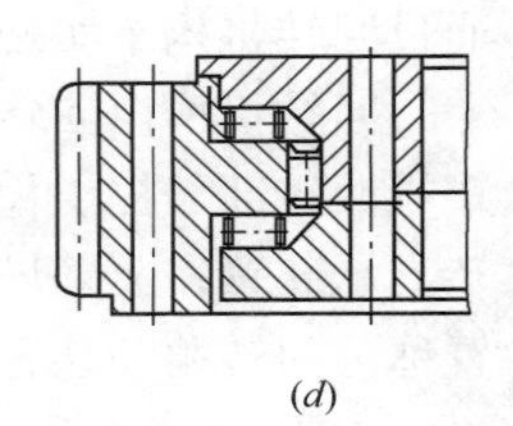

(*d*)

图 1-1-31　滚动轴承式回转支承装置

(*a*) 单排四点接触球式；(*b*) 双排球式；(*c*) 单排交叉滚柱式；(*d*) 三排滚柱式

单排四点接触球式回转支承［图 1-1-31 (*a*)］，由两个座圈组成。其滚动体与滚道间呈四点接触，能同时期承受轴向、径向力和倾覆力矩。适用于中小型塔式起重机。

双排球式回转支承［图 1-1-31 (*b*)］，有三个座圈，采用开式装配，上下两排钢球采用不同直径以适应受力状况的差异。由于滚道接触压力角较大（60°～90°），能承受很大轴向载荷和倾覆力矩。适用于中型塔式起重机。

单排交叉滚柱式回转支承［图 1-1-31 (*c*)］，由两个座圈组成。其滚动体为圆柱形，相邻两滚动体的轴线呈交叉排列，接触压力角为 45°。由于滚动体与滚道间是线接触，故承载能力高于单排钢球式。这种回转支承装置制造精度高，装配间隙小，安装精度要求较高，适用于中小型塔式起重机。

三排滚柱式回转支承［图 1-1-31（*d*）］，由三个座圈组成，上下及径向滚道各自分开。上下两排滚柱水平平行排列，承受轴向载荷和倾覆力矩，径向滚道垂直排列的滚柱承受径向载荷，是常用四种形式的回转支承中承载能力最大的一种。适用于回转支承直径较大的大吨位起重机。

② 回转驱动装置

塔式起重机的回转驱动装置通常安装在塔机的回转部分上，电动机经减速器带动最后一级小齿轮，小齿轮与装在塔机固定部分上的大齿圈相啮合，以实现回转运动。回转速度一般为 0.5～0.8r/min，常见的回转驱动装置有以下几种：

a. 绕线转子异步电动机转子串接可变电阻调速的回转驱动装置。它由立式法兰盘绕线电动机、液力耦合器、制动器、回转限位器、行星齿轮减速器和小齿轮等组成，其调速原理参见图 1-1-20，采用绕线转子异步电动机转子串接可变电阻，以凸轮控制器进行操纵的起升机构调速系统控制原理图。

b. 涡流制动绕线转子异步电动机调速回转驱动装置。由涡流调速电动机、花键联轴套、电磁制动器、回转限位器、行星齿轮减速器和输出小齿轮组成。如国内某厂生产的 QTZ5515 等型小车变幅水平臂架自升式塔机采用了这种调速的回转驱动装置，电动机为 YZRW132M_2-6，3.7kW，回转速度为 0.63r/min。

c. 变频调速回转驱动装置。由带制动器笼型电动机、变频器、回转限位器、行星齿轮减速器和输出小齿轮组成，能实现平稳起动和止动的要求。

d. OMD 系列回转驱动装置。它是由法国 POTAIN 公司引进的具有调速性能回转驱动装置。这种回转驱动装置由笼型电动机、电磁离合器、行星齿轮减速器、制动器、小齿轮、回转限位器和测速电动机等组成，如图 1-1-32 所示。该项系列共有三种型号：OMD45，电动机功率为 2×4.4kW；OMD55，电动机功率为 2×6kW；OMD85，电动机

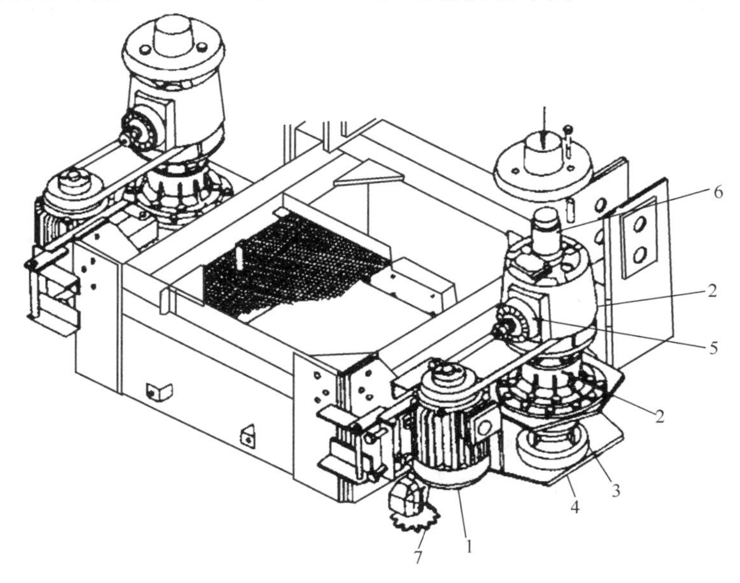

图 1-1-32 OMD 调速回转驱动装置示意图

1—笼型电动机（1500r/min）；2—电动离合器制动系统；3—行星齿轮减速器；
4—主动小齿轮；5—制动器；6—测速电动机；7—回转限位装置

功率为2×8.8kW。分别用于臂长50m、60m和70m的水平臂架自升式塔机，对于回转速度为0～0.8r/min，臂长40m的水平臂架自升式塔机，在转台一侧设置一套回转驱动装置，电动机功率为4.4kW。

OMD系列回转驱动装置工作原理图见图1-1-33。笼型电动机通过带传动带动电磁离全器的回转感应器3，回转感应器得电后，立即产生一个磁场驱动钟罩4。由于钟罩与减

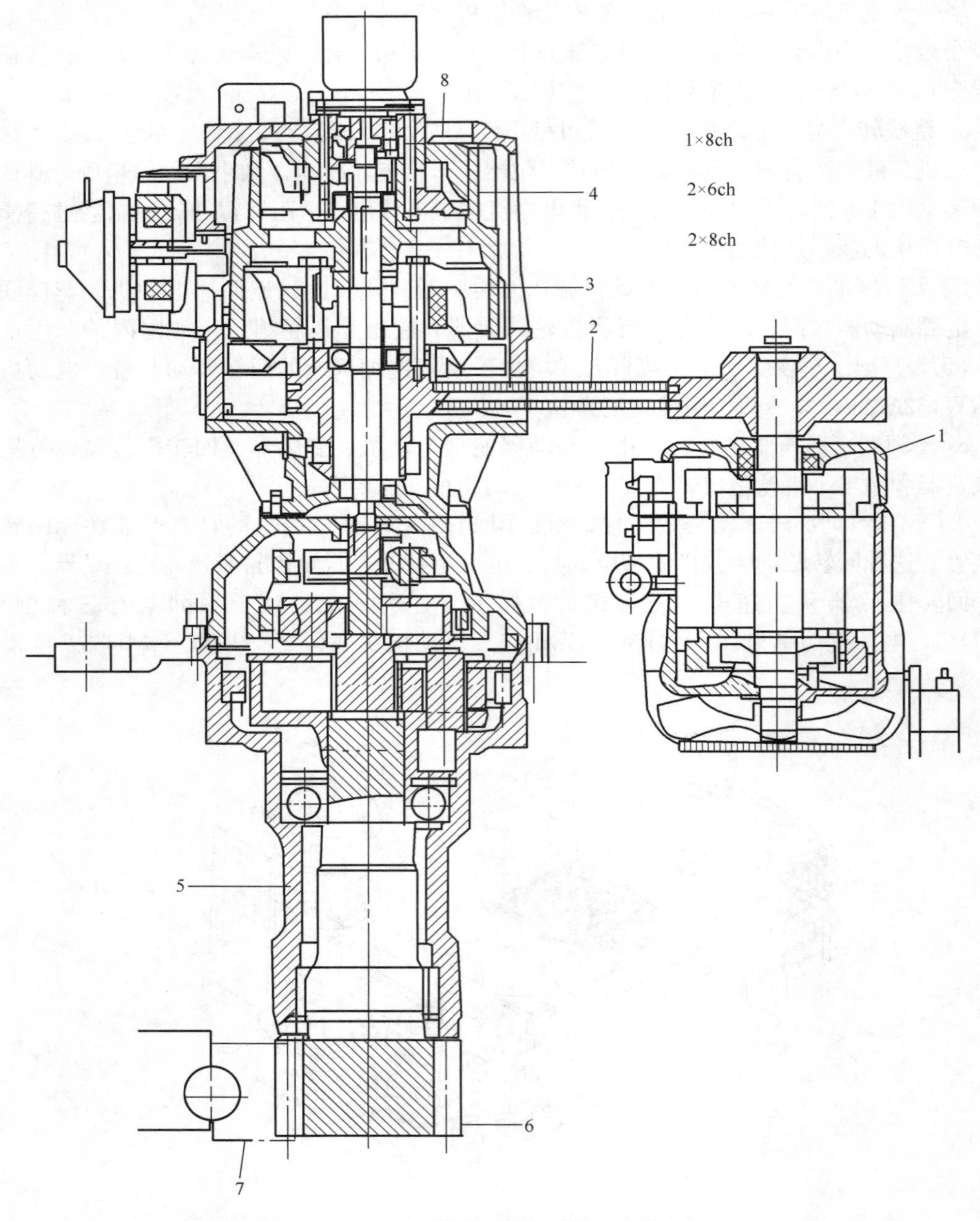

图1-1-33　OMD调速回转驱动装置工作原理图

1—笼型电动机（1500r/min）；2—传动带；3—回转电磁离合器的感应器；
4—钟罩；5—减速器；6—主动小齿轮；7—回转支承齿圈；8—电磁制动器的感应器

速器 5 是连接的，从而带动主动小齿轮 6 回绕回转支承齿圈 7 转动。

当拨回转操纵杆时，电磁制动器的感应器 8 得电而产生一个磁场，使钟罩 4 降低转速。

电磁离合器感应器的磁场和电磁制动器感应器磁场的交互作用，使钟罩维持一种稳定的转速。另有一个电子器件根据主令控制器调定的转速，调定电磁离合器和制动器的滑移量。

OMD 系列回转驱动装置的制动器带有随风转装置，其构造及工作方式可参阅 OMD 系列回转驱动装置的使用说明书。

4）塔式起重机的大车行走机构

塔式起重机的行走装置可分为轮胎行走装置、履带行走装置和轨道行走装置。轨道行走装置又称大车行走机构。现仅就常见的大车行走机构作简要介绍。

四轮塔式起重机的大车行走机构或设在底架的前方或设置在底架的一侧，多采用绕线电动机驱动，电动机带动减速机，减速机再通过中间传动轴和开式传动带动行走轮而使塔式起重机沿轨道运行；八轮塔式起重机在底架四角各设置一座台车，每个台车又由 2 个行走轮组成，行走机构的传动多是呈对角线设置（称主动台车），行走机构固定于主动台车的金属结构上，通过中间齿轮和齿圈带动行走轮转动；装有 12 个行走轮的塔机，底架四角各设有 2 个台车，其中一个为主动台车，有 2 个行走轮，另一个为从动台车，只有 1 个行走轮。大车行走机构固定在主动台车的金属结构车架上，电动机通过减速机、开式齿轮传动带动行走轮沿着轨道运行。一般 8 轮塔式起重机只有 2 个主动台车，而 12 轮塔机遇装有 4 个主动台车。

大车行走机构中的减速机可以是蜗轮减速器、圆柱齿轮减速器或摆线针轮行星减速器。有的塔机行走速度比较快，为了实现平稳地起动和制动，在电动机和减速器之间设置液力联轴器，并在电动机另一端伸处装设了摩擦片式电磁制动器。塔机大车的调速系统主要有如下三种：

① 对于轻型塔机的大车行走机构可采用绕线式电动机驱动，通过切换转子串接电阻，使大车具有 3 挡速度（启动、常速运行、缓行止动）。

② 采用笼型电动机和液力耦合器驱动，通过附装有制动器的减速器、开式齿轮传动带动行走轮。这种调速系统可保证平稳启动和无极加速到常速运行，在大、中型轨道式塔机广泛应用。其传动简图见图 1-1-34。

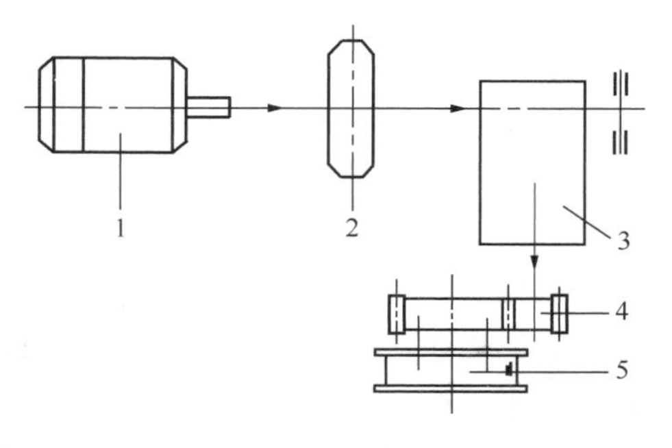

图 1-1-34　笼型电动机加液力耦合器驱动大车行走机构传动简图
1—笼型电动机；2—液力耦合器；3—减速器带制动器；4—开式齿轮传动；5—行走轮

③ RT 系列大车行走机构

该系列大车行走机构是由法国 POTAIN 公司引进的技术，共有 4 个型号，即 RT223、RT324、RT443 和 RT544，其机构的组成见图 1-1-35 所示。笼型电动机有单速和双速之分，RT324 型和 RT443 型均采用双速笼型电动机驱动，而 RT324 及 RT443 的变型 RT325 和 RT426 型则采用单速笼型电动机驱动，笼型电动机系装有一个双作用制动器（工作制动器—停泊止动器）。减速由行星减速和正齿轮减速组成。RT325 型行走速度为 12.5～25m/min，RT324 型行走速度为 16m/min，两者轮压为 35t；RT443 型行走速度为 15～30m/min，RT426 型行走速度为 16m/min，轮压为 45t。

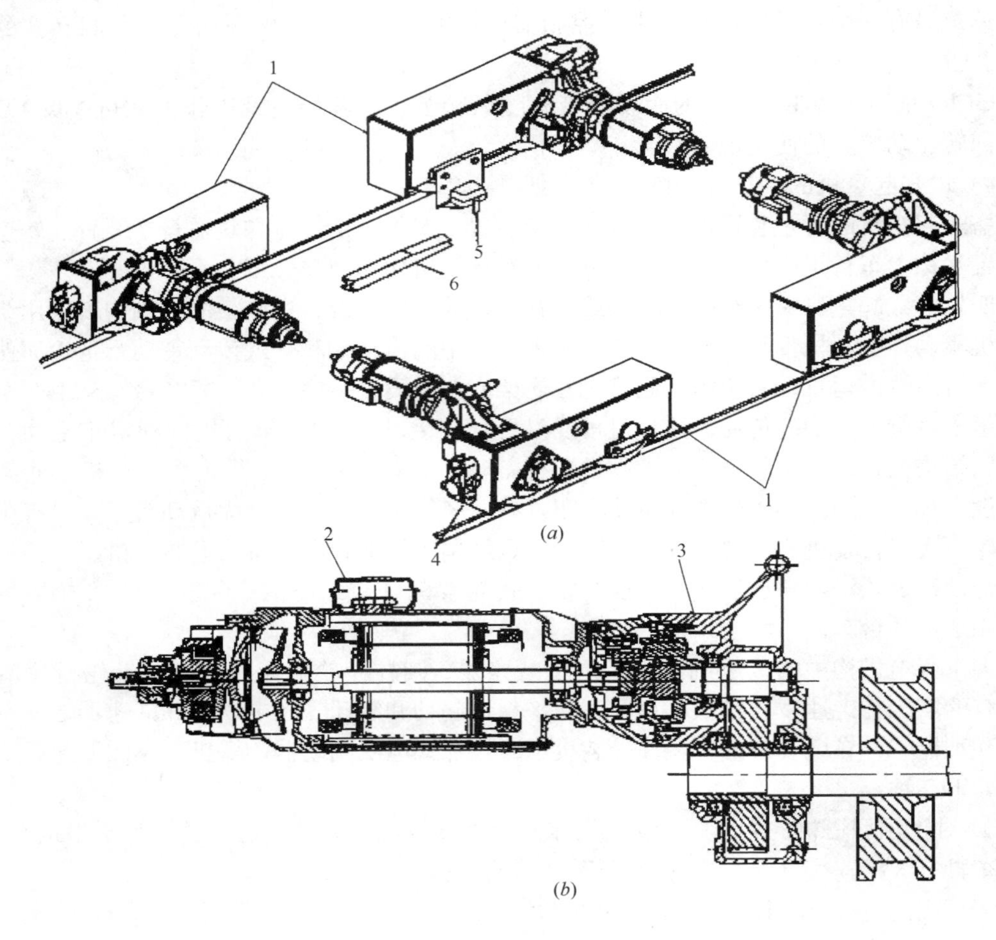

图 1-1-35 RT 系列大车行走机构示意图

(a) 台车概示图；(b) 传动部分剖视图

1—台车；2—笼型电动机；3—减速器；4—轨钳；5—限位开关；6—限位开关坡道

5）塔式起重机的液压顶升机构

液压顶升机构用于上回转自升式塔机和下回转自升式的顶升接高。液压缸设在塔身标准节架内的属于中央顶升系统，液压缸设在顶升套架一侧的属于侧顶系统。这两种液压顶升系统均由液压泵、液压缸、控制元件（平衡阀、换向阀）、液压锁、油箱、滤油器、管道和接头等元件组成，其工作原理和塔身接高的顶升程序也基本相同。塔机的液压顶升系统一般采用单油缸，只有被顶升部分的重量比较大时，才采用双油缸。无论顶升油缸所处的位置如何，塔机在顶升状态下都应使上部重量的重心作用在油缸轴心线上，以减少顶升过程的附加摩擦阻力。实现这种最佳顶升状态的方法，是通过改变小车在吊臂上的位置及平衡载荷。在顶升时风力不大于使用说明书的规定值。

塔机的顶升系统一般采用中高压液压系统，以减小油缸的直径，提高顶升结构系统的紧凑性。有一些液压顶升系统将两平衡阀设置在油缸体内，简化了外部结构。一些液压顶升系统中所用的油泵不相同，但只要能够保证顶升速度和压力要求，即可认为适用。

下回转快装式塔机与上回转自升式塔机的液压顶升机构各有特色，但工作原理和系统的组成基本相同。液压顶升机构工作时，液压泵把油从油箱中吸出来，通过油管和控制阀输入液压缸大腔中，在液压油的高压作用下，将活塞杆推出。对于下回转快装式塔机，外伸的活塞杆通过一套连杆系统将塔架卧倒状态竖立起来；对于上回转自升式塔机，外伸的活塞杆通过与之相连的扁担梁将上部结构举升起来。反之，通过控制阀的换向，使液压油缸的大腔回油而小腔进油，活塞杆便慢慢缩回到缸筒内，从而完成一个顶升过程。

图 1-1-36 为 TC5610 塔机侧顶系统液压接管示意图，图 1-1-37 为 TC5610 塔机液压系统工作原理图。

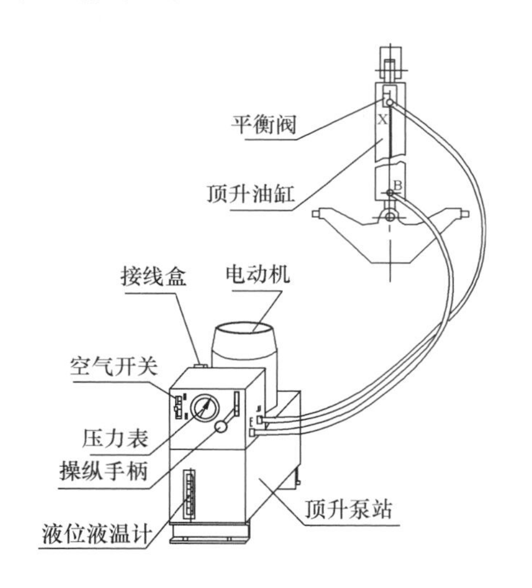

图 1-1-36　顶升系统液压接管示意图

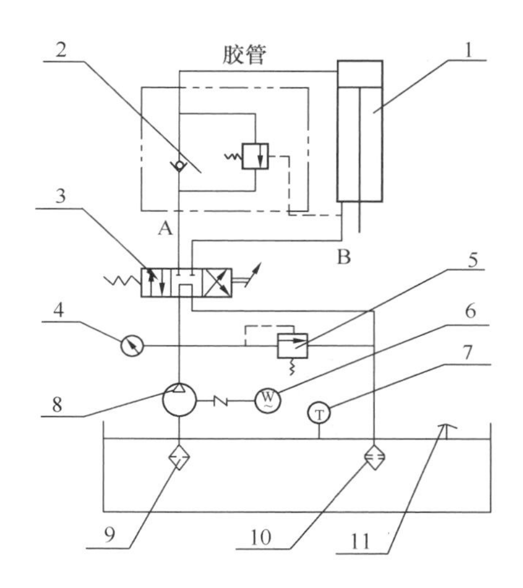

图 1-1-37　液压系统工作原理图

1—顶升油缸；2—平衡网；3—手动换向阀；4—压力表；5—高压溢流阀；6—电机；7—液位液温计；8—斜轴式定量泵；9—粗滤油器；10—精滤油器；11—空气滤清器

塔身接高的顶升程序如下：

① 将一节标准节 A 吊至顶升爬升架引进横梁的正上方，在标准节 A 下端装上四只引进滚轮，缓慢落下吊钩，使装在标准节 A 上的引进滚轮落在引进横梁上，然后摘下吊钩。

② 再用吊钩吊起一节标准节 B，并将变幅小车开至顶升平衡位置。

③ 使用回转机构上的回转制动器，使塔机处于回转制动状态。

④ 卸下塔身顶部与回转下支承座的 8 个高强度螺栓。

⑤ 开动液压顶升系统，使油缸活塞杆伸出，将顶升横梁两端的销轴放入距顶升横梁最近的塔身节踏步的圆弧槽内并顶紧（要设专人负责观察），确认顶升横梁两端销轴已放入踏步的圆弧槽内后，将爬升架及其以上部分顶起 10～50mm 时停止，检查顶升横梁等爬升架传力部件是否有异响、变形，油缸活塞杆是否有自动回缩等异常现象，确认正常后继续顶升。

⑥ 顶起略超过半个塔身节高度，使爬升架上的活动爬坡爪滑过一对踏步并自动复位后，停止顶升，并回缩油缸，使活动爬爪搁在顶升横梁所顶踏步的上一对踏步上。

⑦ 确认两个活动爬爪全部准确地压在踏步顶端并承受住爬升架及其以上部分的重量，且无局部变形、异响等异常情况后，将油缸活塞杆全部缩回，提起顶升横梁，重新使顶升横梁顶在爬爪所搁的踏步的圆弧槽内。

⑧ 再次伸出油缸，将塔机上部结构再顶起略超过半个塔身节高度，此时塔身上方恰好有能装入一个标准节的空间。

⑨ 将爬升架引进平台上的标准节 A 拉进塔身正上方，稍为缩回油缸，将引进的标准节 A 落在塔身顶部并对正，卸下引进滚轮，用 8 件 M30 高强度螺栓（每根高强度螺栓必须带有上下两个垫圈和两个螺母）将上下标准节连接牢固（预紧力矩为 1400kN·m）。

⑩ 再次缩回油缸，将回转下支承座落在新的塔身顶部上并对正，用 8 件高强度螺栓将回转下支承座与塔身连接可靠（每根高强度螺栓必须带有上下两个垫圈和两个螺母），即完成一节标准节 A 的加节工作。

⑪ 若连续加几节标准节（A、B、C、…），则按以上步骤重复几次即可。

⑫ 为使回转下支承座顺利地落在塔身顶部并对准连接螺栓孔，在缩回油缸之前，可在回转下支承座四角的螺栓孔内从上往下插入四根（每个角一根）导向杆，然后缩回油缸，将回转下支承座落下。图 1-1-38 为 TC5610 塔机顶升过程示意图。

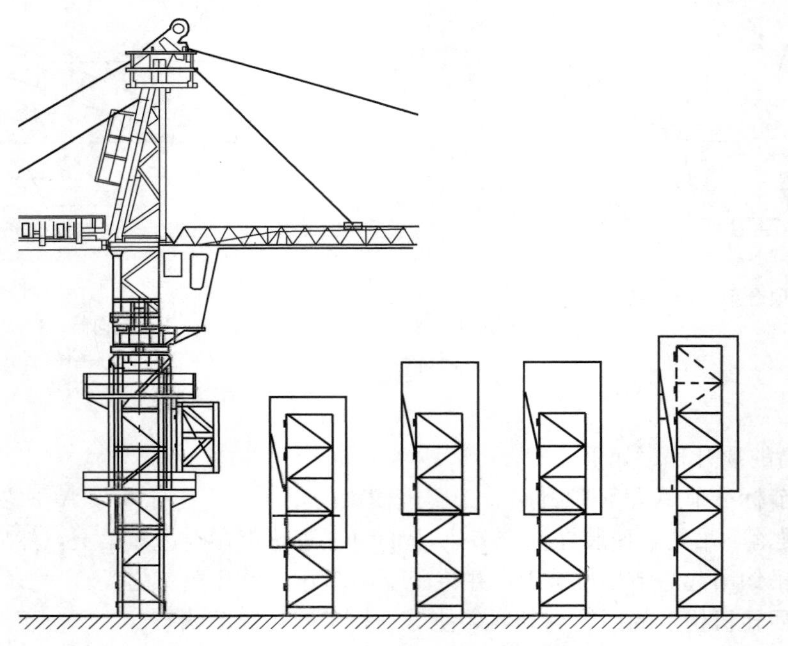

图 1-1-38　TC5610 塔机顶升过程示意图

（3）塔式起重机的驱动控制系统

电气系统是塔式起重机动力源，堪称塔机的驱动控制系统。通过这个系统，把电源的电能输给电动机，并根据操作人员的指令和安全保护装置的信号，通过操作台和控制箱中各控制元件的动作，驱动各机构的启动、调速、制动和换向。电气系统的工作情况决定了塔机的可靠性、安全性和使用性能。

1）电气系统的特点及要求

① 重复短期工作制，启动频繁，有正反向运动。各主要工作机构在每一个工作循环中，常常是开开停停，每一次开停的时间都很短，只有几分钟。电动机总是开动后发热，还未达到温升极限值就停机，温度下降，但是没有降到起始温度又需开动，温度又升高。如此周期性重复，电动机来不及在任何一个工作期间达到稳定值，也来不及在任何一个停歇期内冷却到周围介质的温度，通常用负载持续率 JC 来表示通电时间在全部工作循环所占比例，用以衡量其温升情况：

$$JC\% = \frac{\sum t}{\sum t + \sum T}$$

式中 $\sum t$——电动机在每一次循环中总工作时间；

$\sum T$——电动机每次循环中总停歇时间，一般情况下 $\sum t + \sum T \leqslant 10\text{min}$。

图 1-1-39 是建筑安装用塔式起重机典型作业的一次循环图。

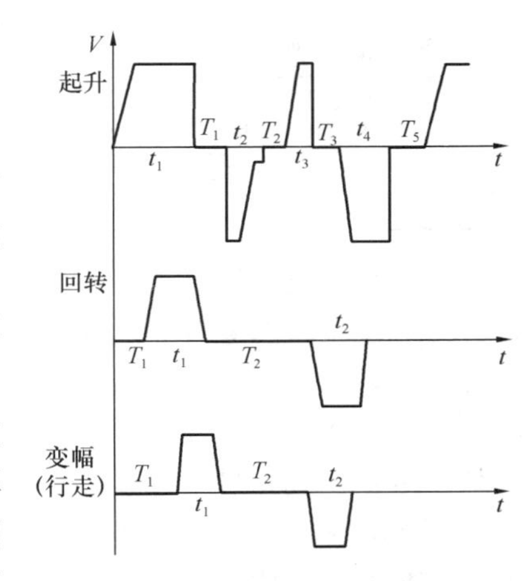

图 1-1-39 塔式起重机典型作业循环图

上图不仅表示了各机构工作时间与停歇时间，也表明启动、制动频繁。负载持续率 JC 值和每小时启动次数 Z 在塔式起重机电气控制中具有重要的意义，各传动机构的电动机不仅必须符合规定的 JC、Z 值，还要求启动转矩要大，启动电流和转动惯量要小，启动和停止要平稳，而且正反方向都运行可靠。

② 有较好的高速性能。由于塔式起重机作业空间大，只有采用较高的工作速度才能满足工作效率和劳动生产率的要求。但是，在起吊重物前拉紧钢丝绳和安装就位时，又要求有稳定的缓慢的就位速度，避免引起过大的冲击和就位困难，减少事故危险和工作人员的劳动强度。因此，塔式起重机的调速性能极为重要，要有足够的调速范围。

由于塔式起重机结构刚度、稳定性不如其他起重机械，因此启动和制动的平稳性很重要。只有调速性能良好，才能降低动载荷，减小结构振动和疲劳，改善司机操作环境。如果不具备较好的调速性能，势必在操作时经常反复用“点车”和“打反车”来实现作业要求，使接触器、制动器动作频繁，电动机受到较大的机械冲击，降低使用寿命。

③ 各机构负载特点不同。塔式起重机有起升、回转、变幅、运行、架设和顶升等机构，各机构的负载特点区别很大，如起升机构为位能负载，起升载荷不变时为恒转矩（负载转矩不随速度变化），上升时为阻力负载，下降时则为动力负载；回转、运行和水平变幅机构则主要传递水平载荷，如风、摩擦、坡度，启动和制动时要克服较大的惯性，其中风阻力和惯性力占绝大部分，而且这两种阻力随机性大，负载性质和大小变化较大。架设和顶升机构属于安装机构，负载特点与安装方式有关。负载特点不同，在选择电动机、确定传动方案和调速方法、操作使用等方面也有不同的要求。

④ 在建筑工地户外使用。鉴于建筑工地的户外条件比较恶劣，电气系统的可靠性极为重要，各元件耐冲击振动能力要强，性能要稳定，安全防护、电源供给、散热、绝缘等

都要特殊考虑。

⑤ 经常转移、拆卸、安装。建筑塔式起重机介于流动式起重机与固定使用的起重机之间，经常随工地转移，拆卸安装频繁，对电气系统提出了特殊要求，如电缆线的布置、接头方式、控制箱的安装等，都要考虑安装拆卸的方便快捷。

2）各传动机构的电气系统

① 起升机构。根据起升作业频繁程度，起升机构电动机负载持续率 JC 和每小时启动次数 Z 见表 1-1-5。

起升、回转机构的 JC 值和 Z 值 **表 1-1-5**

塔式起重机类别	用途说明	起升机构		回转机构	
		JC%	Z	JC%	Z
1	不经常使用 钻井平台维修用 船舶修理用	25 25 40	60 150 150	25 25 40	60 150 150
2	建筑用（快速安装式） 建筑用（非快速安装式）	25，40 40，60	150 150，300	25，40 40	150，300 300
3	造船、集装箱港口用 用料斗浇灌混凝土、抓斗工作用	40 40，60	150，300 150	40 40，60	300 150，300

在塔式起重机装机容量中，起升机构电动机功率是最大的。因此，在衡量其能耗系数中，起升电机功率和起升速度影响最大，也是电气控制中的主要部分。由于起升机构工作最重要和最频繁，它的工作级别往往就是整机的工作级别。起升机构的运动，不仅由司机操作所控制，而且还必须根据起重力矩限制器、起重量限制器、起升高度限制器的信号自动控制，防止超载和过卷等事故。

② 回转机构。回转机构电动机负载持续率 JC 和每小时全启动次数 Z 见表 1-1-5。回转机构主要承受和传递水平载荷，如风力、惯性力、摩擦力等形成的载荷。这些载荷的数值随机性较大，不易估计其方向和大小变化，最好采用能适应载荷变化的柔性传动。现代塔式起重机吊臂越来越长，故回转机构电气控制系统也越来越重要。

回转机构电气控制系统的任务不仅在于启动和停止机构的运行，更重要的是使机构的运行与负载的变化适合，避免产生过大的冲击。回转机构电气控制的主要要求，就是保证启动制动平稳。刚性直接传动的，要设有防止突然打反车的电气保护措施，如时间继电器、测速发电机等。在不设集电环时，回转机构要由回转限制器限制回转圈数。

回转机构往往采用可操纵的常开式制动器，也有采用靠测速发电机检查回转速度使制动器断电制动的，但后者必须设有非工作状态（切断总电源）情况下仍能保证臂架随风回转（风向标）的装置。

③ 变幅机构。变幅机构电动机负载持续率 JC 和每小时全启动次数 Z 见表 1-1-6。工作幅度不大时，往往只用一种速度即可，但工作幅度较大时，则必须采用两种或三种速度。

为防止过载，小车变幅机构的运动必须由起重力矩限制器中的定码变幅限制开关控制。多速的变幅机构，在向外高速变幅至一定的距离时，还要设有能够自动减速功能，小车变幅行程限制开关也控制变幅机构的运动。

变幅机构制动器控制电路必须是常闭式的，即断电后制动，通电后启动。

动臂式变幅机构，与起升机构相似。可带载变幅的，要受起重力矩限制器控制，不能带载变幅的，起升机构没有负载时才能允许变幅机构运动，均要求在电气线路中采取措施。

变幅机构的 *JC* 值和 *Z* 值　　表 1-1-6

塔式起重机类别	用途说明	小车水平变幅		动臂变幅	
		JC%	*Z*	*JC*%	*Z*
1	不经常使用 钻井平台维修用 船舶修理用	25 25 25	60 150 150	15 15 15，25	60 150 150
2	建筑用	25，40	150	15，25	150
3	造船、集装箱港口用 用料斗浇灌混凝土、抓斗工作用	25 40	150 150	25 25	150 150

④ 运行机构。运行机构电动机负载持续率 *JC* 和每小时全启动次数 *Z* 见表 1-1-7。为防止运动出轨，运行机构的运动必须受终端限位开关控制。如果制动器是常闭的，控制电路中应设时间延时继电器或逐级制动装置，以防止制动时产生过大的冲击。

运行机构往往都是由多个主动台车组成，电动机电源线接线相序要保证驱动方向一致。

运行机构的 *JC* 值和 *Z* 值　　表 1-1-7

塔式起重机类别	用　途　说　明	*JC*%	*Z*
1	不经常使用、储料场、钻井平台维修、船舶修理、船坞用	15	60
2	建筑用	15，25	60，150
3	造船、集装箱港口用 用料斗浇灌混凝土、抓斗工作用	25 15，25	150 60，150

⑤ 架设机构。大部分快速安装塔式起重机不单独设架设机构，而用离合器与起升机构串联一个架设卷筒，即与起升电机联用。但架设操作与起升运动不同，它不应受起重力矩的限制器、起重量限制器、起升高度限制器的限制，而应受架设行程的顺序控制，如伸缩位置、臂架角度、变幅小车安放起升绳固定装置的限位等。这就要求在操作台上设一转换开关，将原来的起升机构控制电路变为架设机构控制电路。

架设机构的控制按钮、手柄不能设在塔顶司机室内里，必须设在地面能够操作的位置。一般用可移动的联动操作台，满足架设和工作两方面的要求。

3）塔式起重机的电气系统图

塔式起重机的电气系统图可分为三类：结构图、原理图和接线图。

① 电气系统结构图又称布线图，用来表示塔式起重机各重要电气装置的部位和功能，目的在于让人们对整个起重机电气系统有一个概念。各部分电气装置常用矩形框表示，相互间用线条联系起来，有时还在线条上标注箭头以表示电气设备作用过程的方向。

② 电气系统原理图，也称电路原理图或电气原理图。在电气系统原理图上可看到：主电路（又称主回路、一次电路或动力回路）、控制电路（又称二次电路或副回路）以及照明电路、信号电路等辅助电路。

主电路是指从供电电源通向电动机或其他大功率电气设备的电路，流过主电路的电流可以小到几安培大到几百安培。在此电路中，除电动机或其他大功率电气设备外，还装有开关、接触器、控制器、熔断器等电气元件。电路用粗实线表示。

控制电路中所有接触器和继电器的线圈、继电器的触点、接触器触头、按钮、电铃、终点开关及其他小功率电气元件等用细实线绘出，主要反映电动机是怎样起动和操纵的。

照明电路包括塔机上、下各种照明灯具和操纵开关，也用细实线表示。

信号电路、电热采暖电路以及制动器电路等均用细实线绘出。这几种辅助电路可与主电路相联，也可与控制电路或照明电路相联。

③ 接线图又称安装图，用以满足安装施工和检修的需要，接线图中的各项电气元件、线路接点均用数码标注。接线图中对各导线型号、截面、芯数、导线长度及走线方式也都有明确标注。

4）塔式起重机的主电路和控制电路

现以某厂生产的QT80EA型塔式起重机的主电路和主要控制电路作简要介绍如下：

① 起升电路。QT80EA型塔式起重机的起升与控制电路如图1-1-40和图1-1-41所

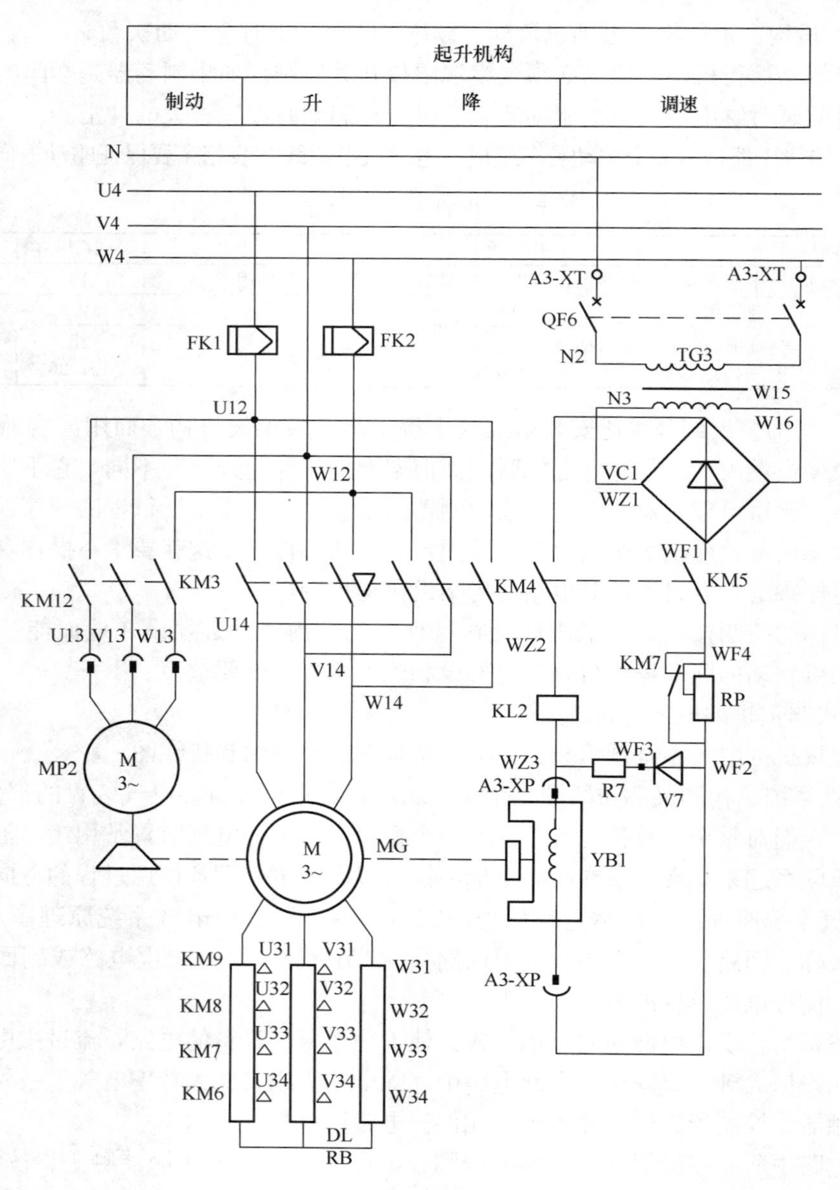

图1-1-40 QT80EA型塔机起升主电路图

示。起升机构由 MC（YZRW225M-6-30kW）交流绕线式电动机驱动。该电动机自身带有涡流制动器，它与启动调速电阻相配合，使电动机的启动、调速性能得到很大的改善，较好地满足塔式起重机使用的要求。起升停止时，由液压推杆制动器制动。为了提高工作效率，起升机构设有一套变速装置（电磁离合器），分重、中、轻三挡，通过分别接通三个线圈 YC1、YC2 和 YC3 来获得三种速度，由离合器转换开关 SA2 来控制。重载低速时，YC1 线圈接通；中载中速时，YC2 线圈接通；轻载高速时，YC3 线圈接通。

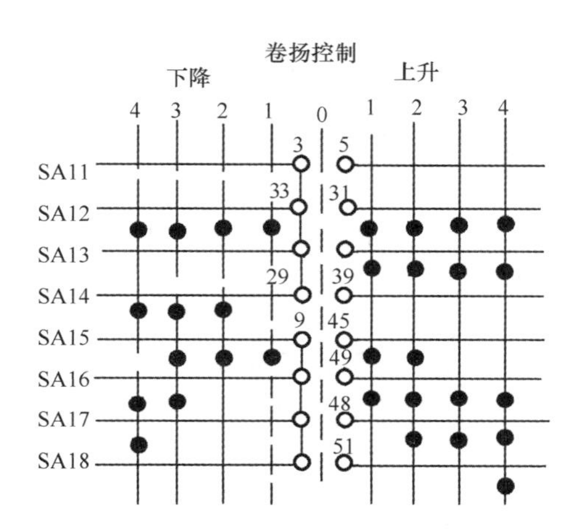

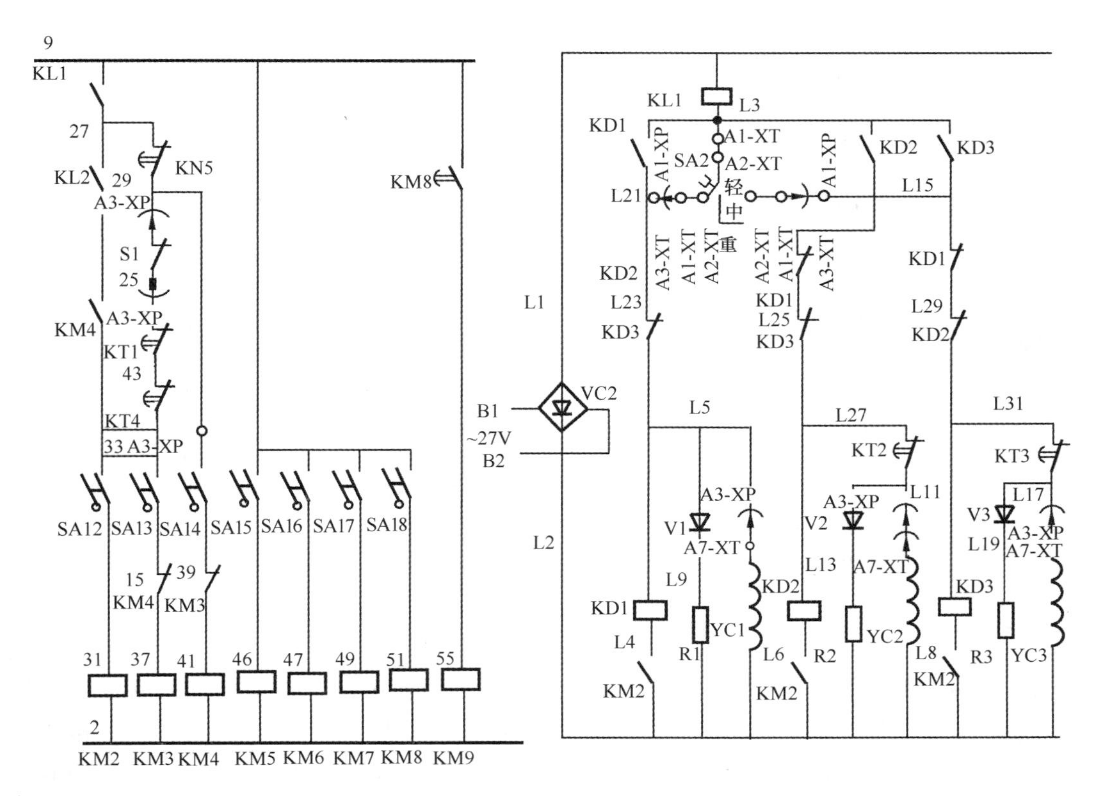

图 1-1-41　QT80EA 型塔机起升控制电路图

② 变幅小车牵引控制电路图。QT80EA 型塔式起重机变幅小车牵引控制电路如图 1-1-42 所示，由 JZR12-6-3.5kW 三相异步电动机驱动，并与启动调速电阻配合，以达到启动制动平稳和调速的目的。为防止电动机过载，采用电流保护，并带机械联锁接触器，以达到可靠的互锁作用。

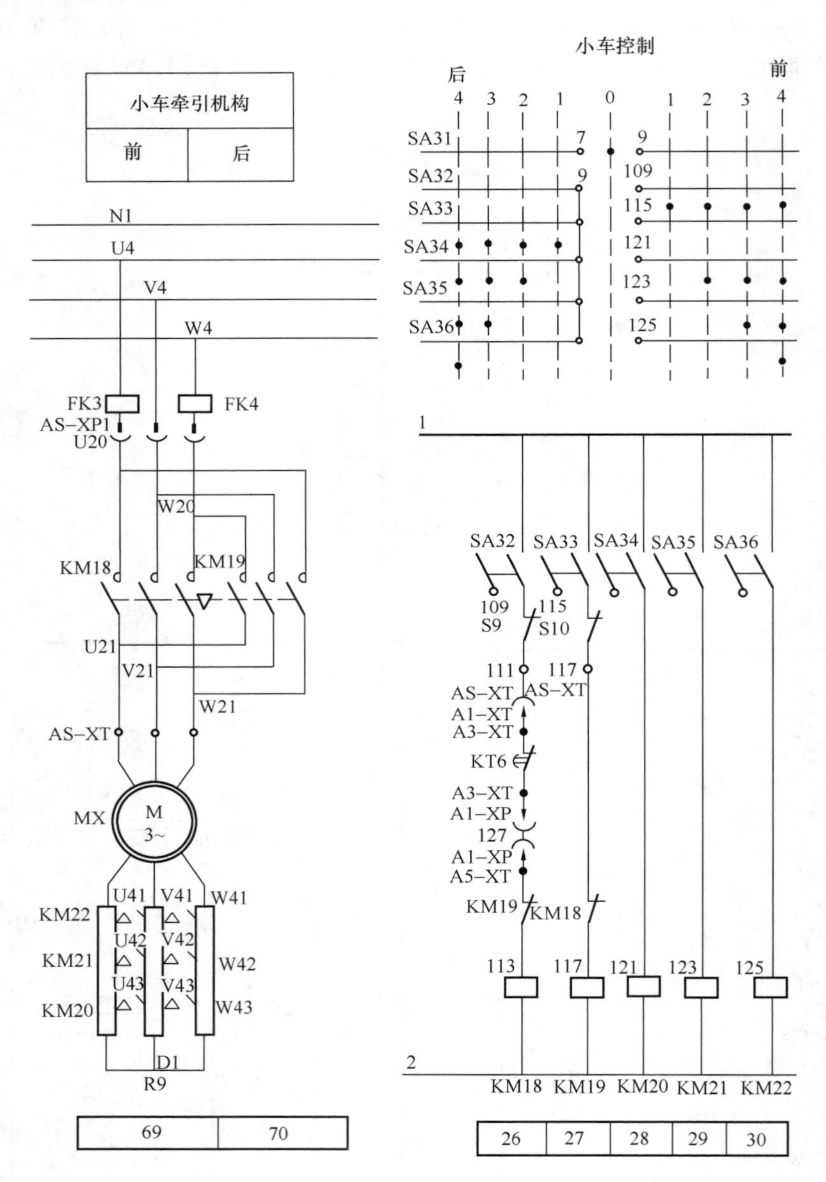

图 1-1-42 QT80EA 型塔机变幅小车牵引控制电路图

③ 回转机构控制电路。QT80EA 型塔式起重机回转机构控制电路图如图 1-1-43 所示，由 MH、MH2（YZR132MA-6-2.2kW）交流绕线电动机驱动。它与启动调速电阻相配合，达到启动平稳和调速的要求。回转机构设有常开盘式制动器，制动时可通过设在操作台上的制动开关 SA1 进行制动。回转制动仅用于有风状态下，工作时固定塔臂不让其

转动。当进行爬升作业时，必须用回转制动器进行制动。严禁电动机尚未停止转动时用制动器帮助停车。

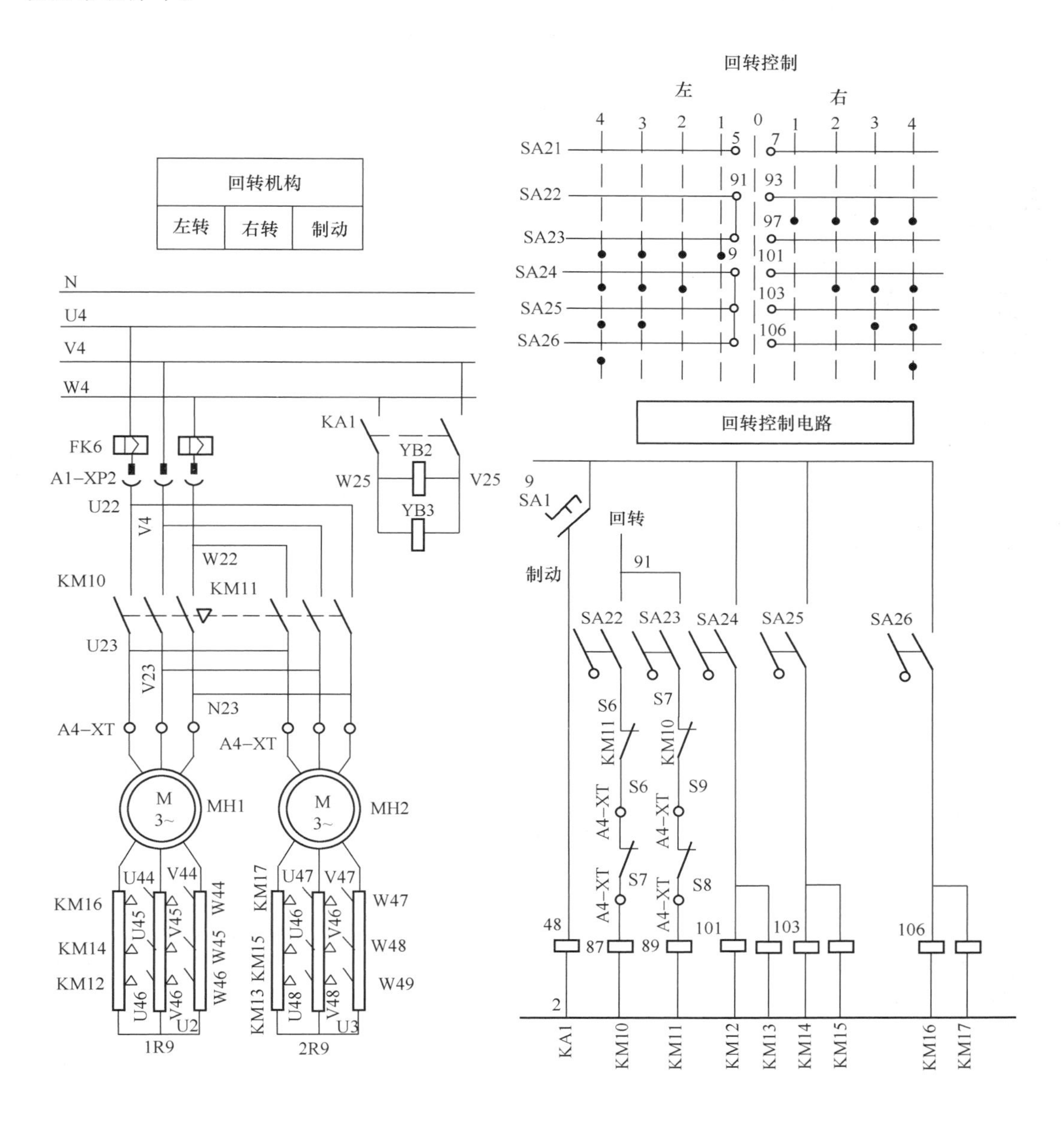

图 1-1-43 QT80EA 型塔机回转机构控制电路图

④ 行走机构控制电路。QT80EA 型塔机行走机构控制电路图如图 1-1-44 所示，由 MS1. MS2（YZ160MB—7.5kW）交流异步电动机驱动两个主台车，采用操作手柄 SA41～43 控制接触器线圈，由接触器主触头接通和断开电动机电路。电动机与蜗轮减速器用液力耦合器连接，启动、制动平稳。行走机构设有常闭式制动器用接触器 YB4、YB5 进行控制，行走电动机停电后，由延时继电器 KT7 制动时间。

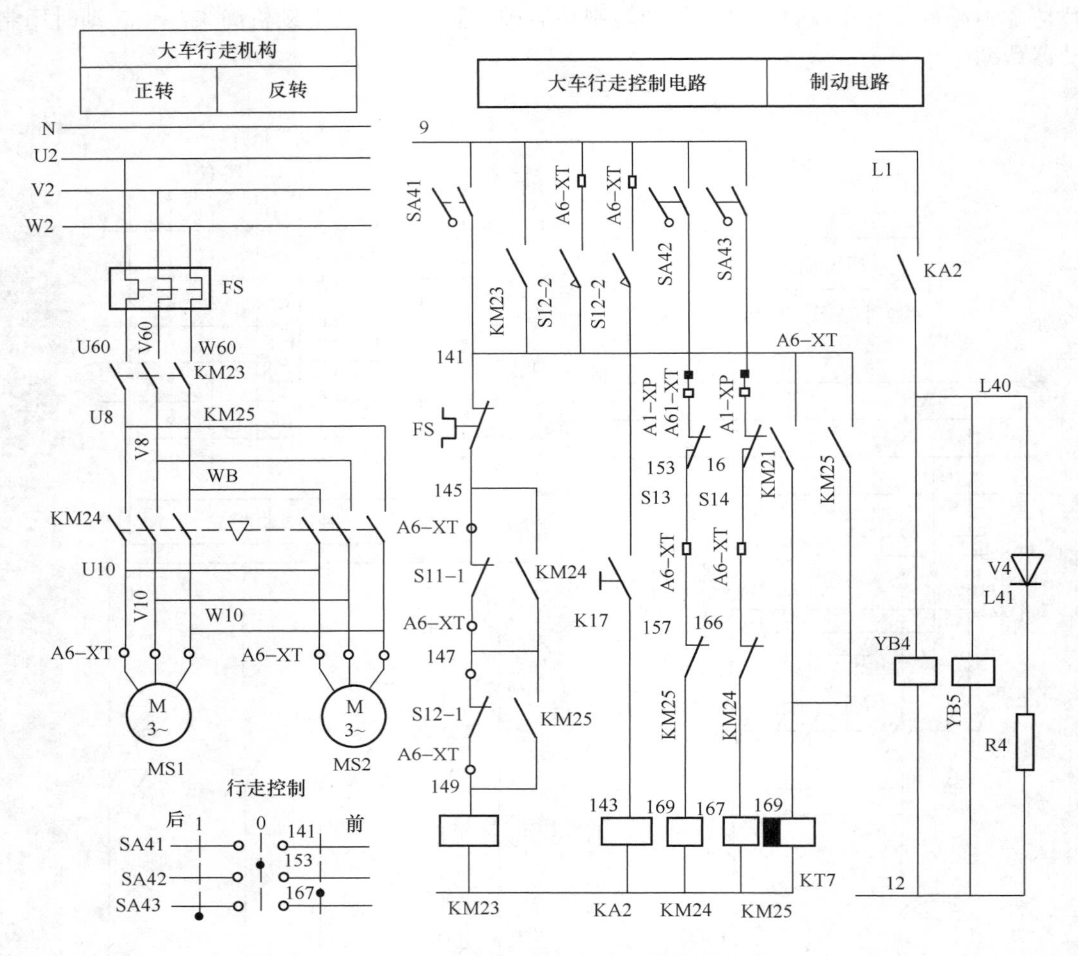

图 1-1-44　QT80EA 型塔机行走机构控制电路图

（4）塔式起重机的安全防护装置

塔式起重机的安全防护装置是必不可少的设备之一，其作用是防止误操作和违章操作，避免由误操作和违章操作所导致的严重后果。塔机的安全防护装置可分为：限位开关（限位器）；超载荷保险器（超载断电装置）；缓冲止挡装置；钢丝绳防脱装置，风速计；紧急安全开关；安全保护音响信号。

1）限位开关又称限位器，按其功能又分为：

① 吊钩行程限位开关。用以防止吊钩行程超越极限，以免碰坏起重机臂架和出现钢丝绳乱绳现象。高层建筑施工用的塔机（附着式塔机和内爬式塔机）的吊钩行程限位开关，又可再分为吊钩起升限位开关（高度限位）和吊钩下限位开关（深度限位）。

② 回转限位开关。用以限制塔机的回转角度，防止扭断和损坏电缆。凡是不装设中央集电环的塔机，均应配置回转限位开关。

③ 小车行程限位开关（又称小车幅度限位器）。用以使小车到达臂架头部或臂架根端之前停车，防止小车越位事故的发生。

④ 动臂俯仰限位开关。用以防止俯仰变幅臂架在变幅过程中，由于误操作而使臂架

向上仰起过度，导致整个臂架向后翻倒事故。

近年来塔机的起升高度限位器、回转限位器和变幅限位器多采用多功能限位器，如图 1-1-45 所示。用于起升高度限位器时，其调整方法如下：

a. 调整在空载下进行，用手指分别压下微动开关（1WK、2WK），确认限制提升或下降的微动开关是否正确。

b. 调整提升极限限位时，使载重小车与吊钩滑轮的最小距离不小于 1m 时调动（1Z）轴，使凸轮（1T）动作并压下微动开关（1WK）换接，拧紧 M5 螺母。

c. 调整下降极限限位时，在吊钩接触地面前（确保卷筒上不少于三圈钢丝绳），能终止下降运动，其调整方法同上述 b.（2Z-2T-2WK）。

回转限位器和小车变幅限位器的调整方法，与起升高度限位器的调整方法基本相同。塔机每次转移工地安装完毕投入施工之前，以及每次顶升接高或更换钢丝绳之后，必须根据实际情况和施工具体要求，对各种限位器进行调整或确认。

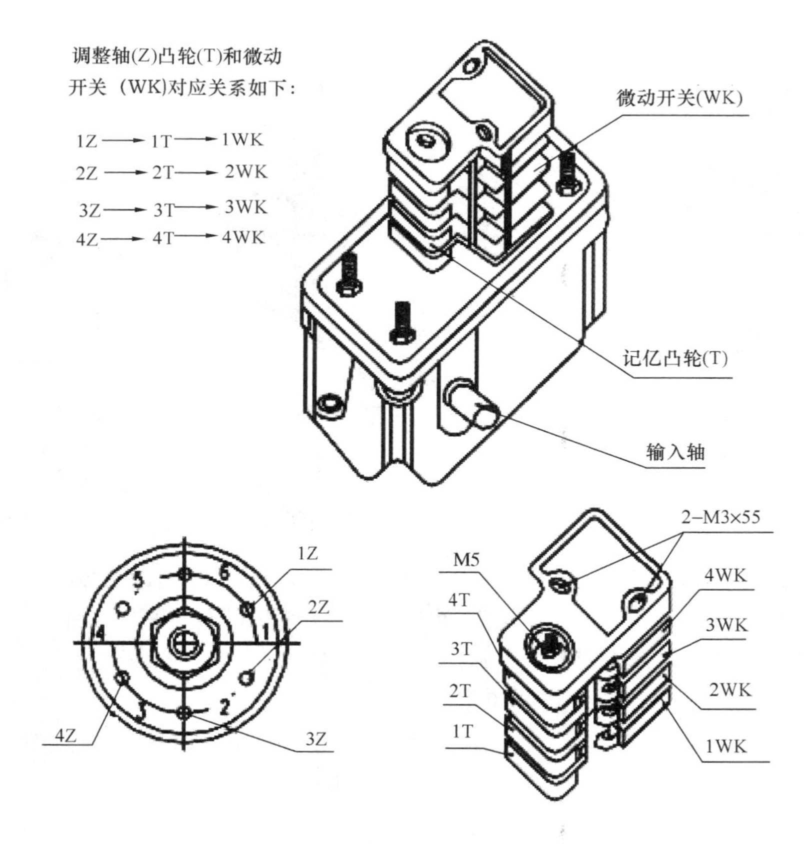

图 1-1-45 起升高度、回转、变幅限位器

⑤ 大车行程限位开关。用以限制大车行走范围，防止由于大车越位行走而造成的出轨倒塔事故。大车行程限位器如图 1-1-46 所示，分别由限位开关、摇臂和滚轮等组成。摇臂的死点居中，滚轮有两个极限工作位置。铺设在轨道基础两端的位于钢轨近侧的坡道起到滚轮碰杆的作用，根据坡道斜度方向，滚轮分别向左或向右运动到极限位置而切断大车行走机构的电源。

2）超载荷保险器

超载荷保险器又称起重量限制器或测力环，如图 1-1-47 所示。整个装置由导向滑轮、测力环及限位开关等组成。测力环的一端固定于支座上，另一端则固定在滑轮轴的一端轴伸上。滑轮受到钢丝绳合力作用时，便将合力传给测力环。根据起升载荷的大小，滑轮所传来的力大小不同。当荷载超过额定起重量时，测力环外壳便产生变形。测力环内的金属片与测力环壳体固接，并随壳体受力变形而延伸。此时，金属片起到凸轮作用压迫触头切断起升机构的电源。其调整方法如下（参见图 1-1-48）：

图 1-1-46　塔机大车行程限位器极限工作位置图示

1—摇臂滚轮；2—极限开关；3—坡道碰杆

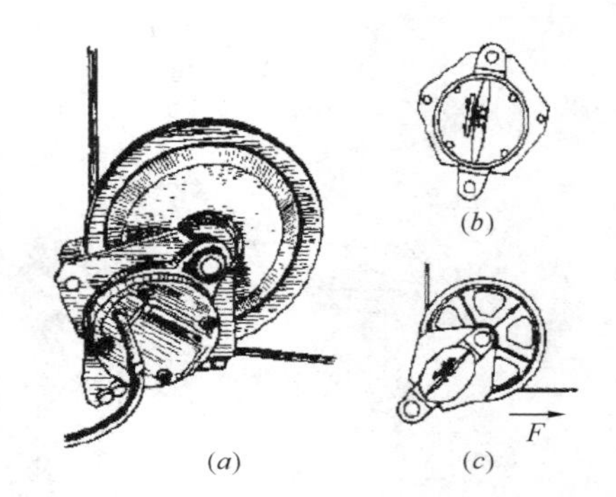

图 1-1-47　起重量限制器外形及工作原理图

(a) 外形示意图；(b) 无载或负荷小时测力环壳体变形甚微；(c) 负荷大或超载时测力环壳体显著变形、测力环内金属片延伸压迫触头切断电源

① 高速挡超载限制器的调试。如图 1-1-48①所示，先以低速起升额定荷载 V，再换高速起升，打开限制器的端盖，旋动调节螺钉 1，直至螺钉压迫触头；随后如图 1-1-48②所示，落下试验荷载 V，增加荷载 10%，使之达到 $W=1.1V$；先以低速起升，再挂高速挡起升，试验吊载应不能起升，否则应重新调整。

② 最大荷载超载限制器的调试。如图 1-1-48③所示，低速起吊最大额定荷载 X，调整螺钉 3，使螺钉头与触头 4 相接触；然后按图 1-1-48④所示，落下最大额定荷载并加载 10%，使试验荷载达到 $Y=1.1X$；用低速起升，此时吊载应不能起升，否则应重新调整。

③ 预警灯的调试。按图 1-1-48⑤，取试验荷载为额定值的 90%，即 $Z=0.9X$，用低速度起升，旋动螺钉 8，使警示灯亮起来。

近年来，随着电子技术的发展，电子式超载限制器已应用于塔式起重机的超载控制。它可以根据事先调节好的重量来报警。一般把它调节为额定起重量的 90%报警，而把自动切断电源的起重量调节为 110%额定起重量。电子式超载限制器体积小、重量轻、精度高，并且可随时显示起吊物品的重量。电子式超载限制器的工作原理方框图见图 1-1-49，

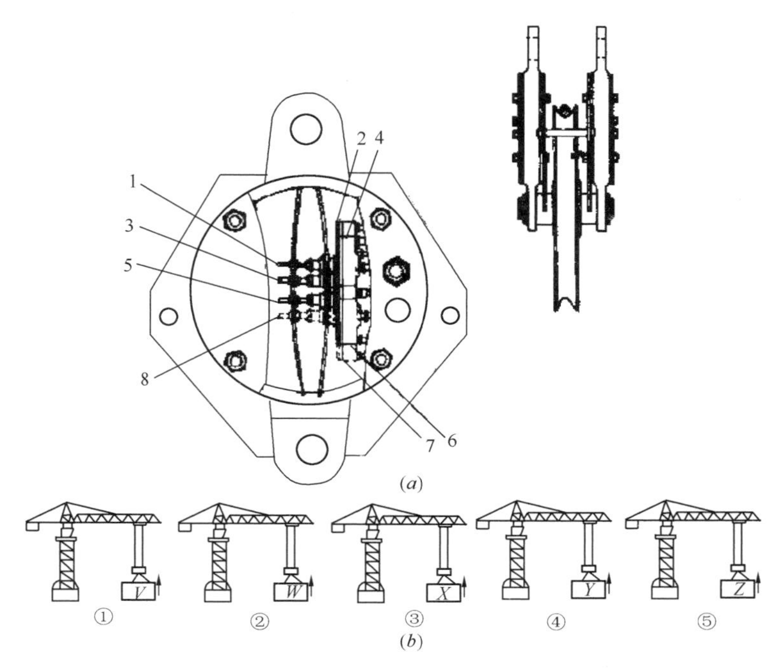

图 1-1-48　起重量限制器的构造及调试方式示意图

(a) 构造示意图；1、3、5、8—调节螺钉；2、4、6、7—触头

(b) 调试方式示意图；①、②……⑤调整程序；V、W、X、Y、Z—试验荷载

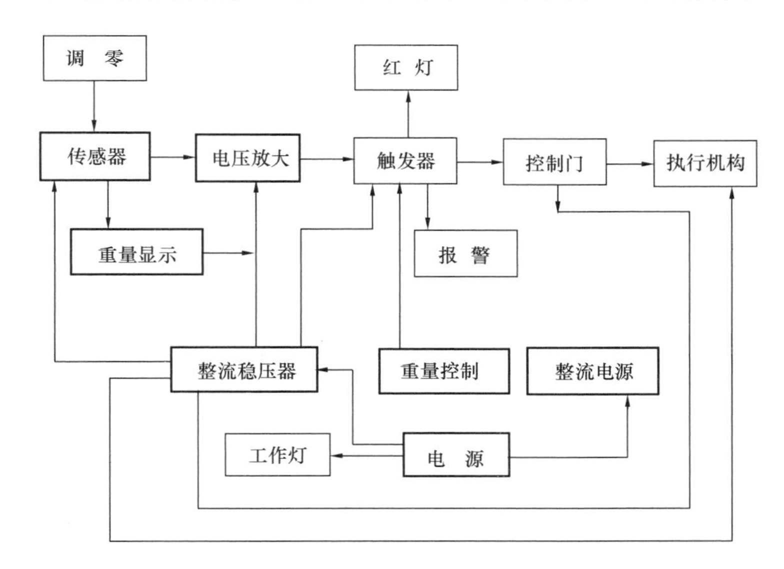

图 1-1-49　电子式超载限制器的工作原理方框图

传感器的安装方式见图 1-1-50。

3）力矩限制器

力矩限制器大都装设在塔顶结构的主弦杆上处，如图 1-1-51 所示。它由调节螺母、螺钉、限位开关及变形作用放大杆等组成，其工作原理如下：塔机负载时，塔顶

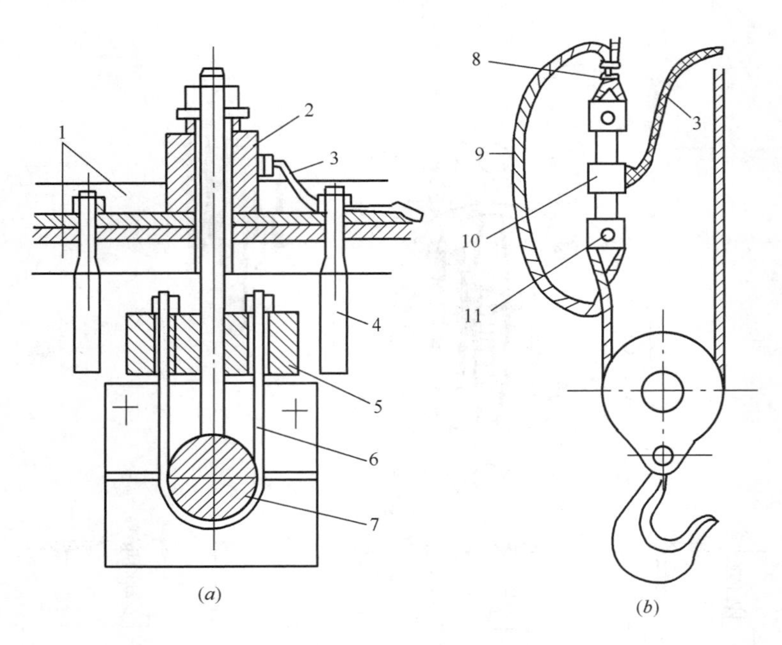

图 1-1-50 传感器的安装方式图示

(a) 轴下安装方式；(b) 钢丝绳固定式安装方式

1—槽钢；2—压力传感器；3—电缆；4—立板；5—连块；6—U形拉杆；
7—定滑轮轴；8—绳卡；9—钢丝绳；10—拉力传感器；11—钢丝绳夹头

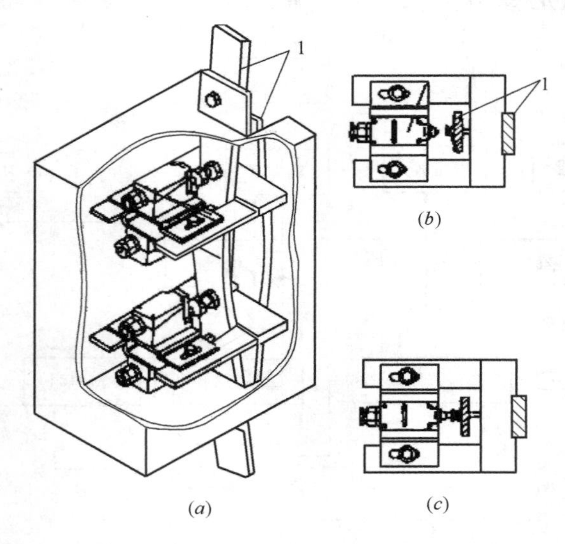

图 1-1-51 塔机力矩限制器的构造及工作原理图

(a) 构造示意图；(b) 荷载小时，螺钉与限位开关触头压键脱开；
(c) 吊载超过额定值时，螺钉与限位开关触头压键接触

1—主弦杆变形放大杆

结构主弦杆便会因负载而产生变形。当荷载过大超过额定值时，主弦杆就产生显著变形。此变形通过放大杆的作用而使螺钉压迫限位开关触头的压键，从而切断起升机构的电源。

力矩限制器共装有 4 个限位开关，一是 SL M_0“起升”断电力矩限制器，用以切断起升机构的电源；二是 M_0～10%红色警灯显示力矩限制器；三是 SD M_0“小车向外”力矩限制器；四是 RDM_0“减速、小车向外”力矩限制器，用以断开小车变幅机构的电源，以防止由于幅度增大而造成的超载事故。力矩限制器的调整方式参见图 1-1-52。

① SL M_0“起升”断电力矩限制器的调试。以给定幅度（如最大幅度处）的起吊荷载，当吊载过大而超过额定起重力矩值 M_0 时，吊载应不能起升。调试时先用 2 绳以额定速度起升额定荷载 X，吊钩应能起升并正常工作，如图 1-1-52（b）中的①所示。然后，落下额定荷载，增加吊重，使试验荷载为 $Y=1.1X$，用 2 绳以最慢速度起升时，电源应立即切断。否则，应重新限位开关 A，使起升电源断开。如图 1-1-52（b）中的②所示。

② M_0～10%红色警灯显示力矩限制器的调试。如图 1-1-52（b）中的②所示，以常规速度用 2 绳起吊试验荷载 $Z=0.9X$，调试时的力矩相当于额定起重 M_0～10%，红色警灯应亮起来。否则，应重新调整限位开关 B。

③ SD M_0“小车向外”断电力矩限制器的调试。试验前，先在地面上标出对应最大额定起重量的幅度 L；然后，量出相当 $L'=1.1L$ 的距离，并做出标记。

在臂架根部起吊最大额定起重量 W 微离地面，开动变幅小车慢速驶向 L 点的上方，

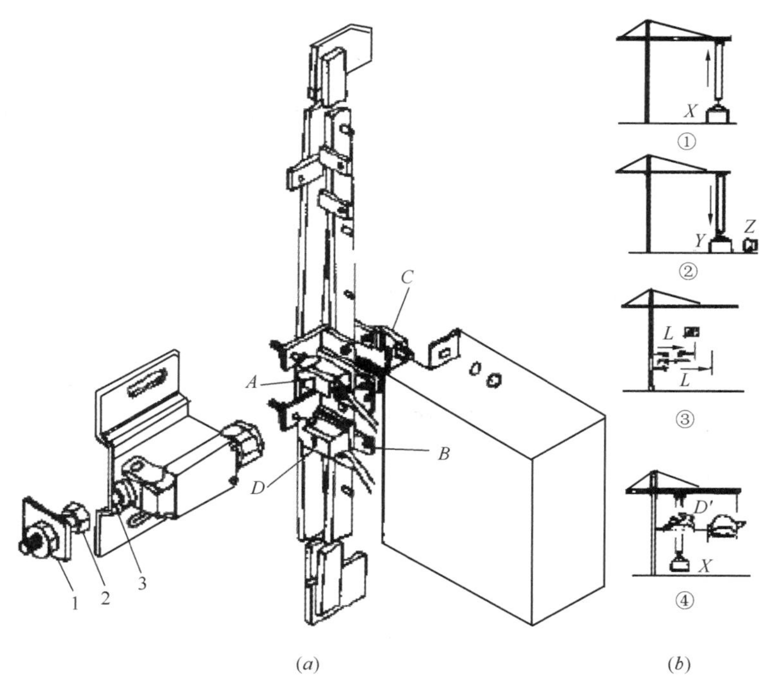

图 1-1-52　塔机力矩限制器的构造及调试方法示意图

（a）构造示意图；（b）调试方法示意图

1—调节螺母；2—调节螺钉；3—触头压键；

A、C、D—力矩限制器限位开关；B—红色警灯显示限位开关；

①～④—调试程序及调整方法；X、Y、Z—试验荷载；L、L'—幅度

调整限位开关C，使变幅小车能带载通过L点。变幅小车退回臂根处，然后以常速起吊最大额定荷载向L点驶去，并越过L点而驶向L′点；在到达L′点以前，电源应切断。否则，应重新调整限位开关C。如图1-1-52（*b*）中的③所示。

④ RD M_0“小车减速向外”力矩限制器的调整。在臂架中部选定适当一点D，并在地面上对应点做出标记D。起吊试验荷载*X*，使小车以常速由臂中向前驶向D点，调整限位开关D，在小车到达D点时，小车牵引机构的电源立即断开。如图1-1-52（*b*）中的④所示。

调整限位开关A、C及D时，应精心操作，持住螺母1，旋动螺钉2，使之与限位开关触头压键3相接触，但应注意勿使正常运行中断。

调整红色警灯限位开关B时，持住螺母1，旋动螺钉2，使之与限位开关触头压键3相接触，司机室内红色警灯应立即点亮。

所有安全装置调整妥当后，严禁擅自触动，并应加封（如火漆加封），以避免由于违反禁令擅自调节而造成灾难性后果。

机械式起重力矩限制器的优点是使用寿命长，受作业环境影响较小；缺点是体积和重量较大，灵敏度较差，精度较低。

塔机电子式起重力矩限制器方框图见图1-1-53，一般原理图见图1-1-54。起重量和幅度分别由图中的两条线控制，一条是由压力传感器将力信号转换为电信号，经过电子仪器处理和显示读数后送入电子乘法器；另一条线是由余弦电位器将幅值的变化信号转换成电信号，经过电子仪器处理和显示读数后也送入电子乘法器，电子乘法器便自动将送来的两组信号进行运算得出力矩值*QR*，再将此力矩与*KR*相加，即可在读数表上输出一个反映起重机实际载荷（力矩）的值。这样，力矩信号由仪器自动与额定起重力矩进行比较，若超载，继电器就会自动切断工作机构电源，起到保护作用。

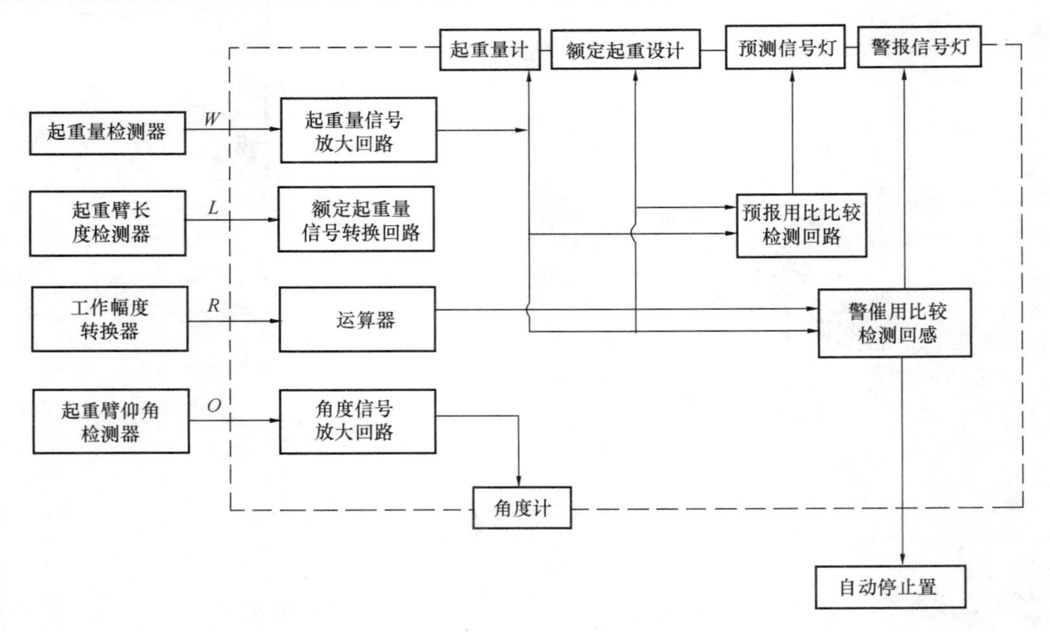

图1-1-53 塔机电子式起重力矩限制器方框图

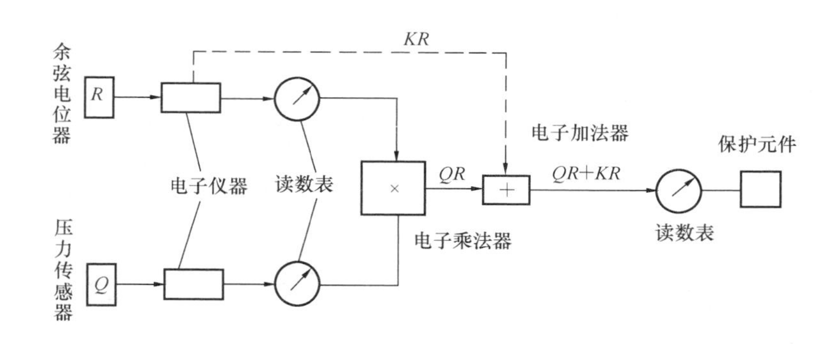

图 1-1-54 塔机电子式起重力矩限制器一般原理图

塔机电子式起重力矩限制器上一般都设有额定载荷转换器，其功能是随时显示出与输入信号相对应额定载荷信号，并与起重机工作时的实际载荷进行比较，给出结果。额定载荷转换器是通过模拟起重机的特性曲线做成的，模拟这样的曲线可以用二极管函数器逐段逼近的方法。

电子式起重力矩限制器一般由起重量限制器、起重臂仰角检测器和起重臂长度检测器来检测出有关的数值，并把它们送到司机室的表盘上反映出来，然后由运算装置将检测到的数值进行运算；当运算装置根据起重臂仰角和起重臂长度算出工作幅度后，即从额定负载信号转换回路中检出允许起吊的重量并把它送入比较检测回路。此时，从负荷检测器检测到的起重量信号与允许起吊重量信号在比较检测回路中进行比较，如果起重量达到允许起重量的 90％时，比较检测回路即向警报信号装置发出指示，警报信号装置即发出预报。若起重量达到允许起吊重量的 110％时，警报信号装置除了发出警报外，还会在发出警报 5s 后切断电源使起重机停止作业。

电子式起重力矩限制器克服了机械式力矩限制器的缺点，已广泛应用在各类塔式起重机上。

4）风速仪

风荷载是塔机的基本载荷，风荷与风速有关。国产 YHQ-1 型风速仪如图 1-1-55 所示，是根据《塔式起重机安全规程》（GB 5144）而设计，是塔机安全作业必备的一种仪表。当风速大于工作极限风速时，仪表能发出停止作业的声光报警，并且内控继电器动作，常闭触点变为开路。如装设此风速仪的塔机选用该触点参与塔机供电控制，可更方便地使塔机安全可靠的工作。

5）小车断绳保护装置

图 1-1-56 所示为重锤式偏心挡杆，是一种简单实用的保险装置。平时，挡杆平卧，起着牵引钢丝绳导向装置的作用。当小车牵引绳断裂时，挡杆在偏心重锤作用下翻转直立，遇到臂架底侧水平腹杆，就会制止小车的溜行。每台变幅小车备有两个牵引绳断绳保护装置，分设于小车（当采用双小车时，设于外小车或主小车）的两头牵引绳端固定处。

6）其他安全防护装置

塔式起重机除了上述的安全防护装置之外，还有其他的安全防护装置，如变幅小车和大车运行的缓冲器与轨道端部的止挡装置、大车行走台车的防风夹轨器、吊钩的钢丝绳防脱装置、动臂变幅的缓冲器及防后倾装置等。

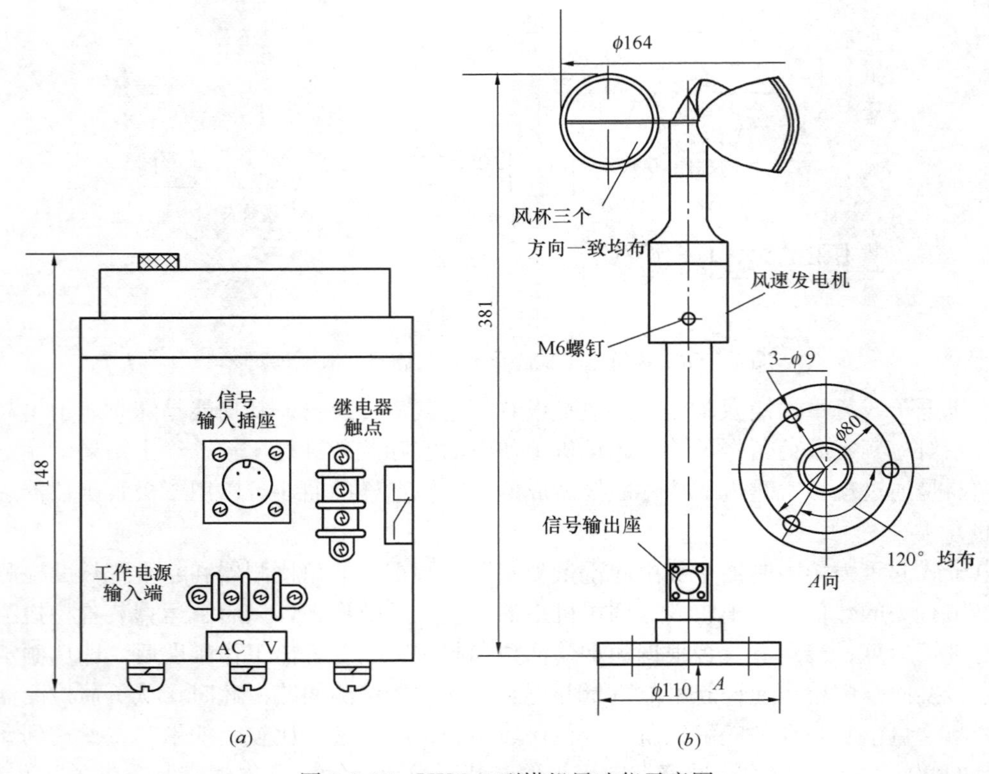

图 1-1-55 YHQ-1 型塔机风速仪示意图

(*a*) YHQ-1 型风速仪内控继电器输入输出端图；(*b*) YHQ-1 型风速仪的风速传感器

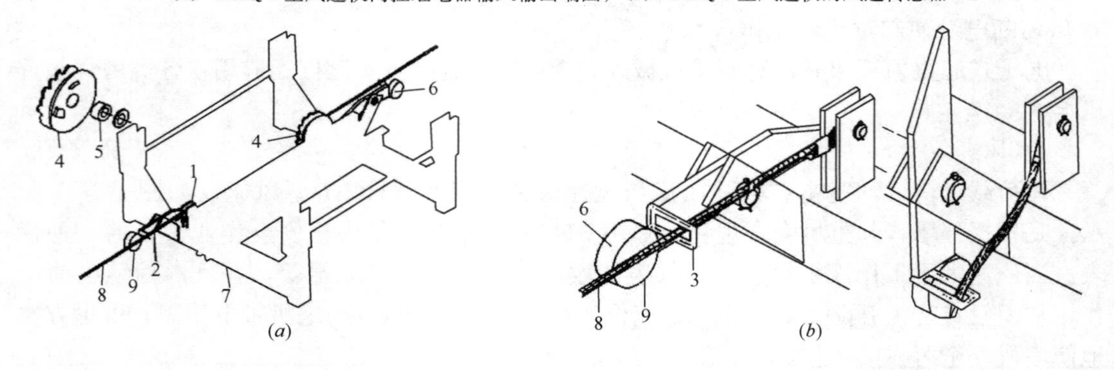

图 1-1-56 变幅小车牵引绳张紧器及断绳保护装置示意图

(*a*) 牵引绳张紧时断绳保护装置正常工作状态；(*b*) 钢丝绳断裂时断绳保护装置工作状态

1—牵引绳张紧器及断绳保护装置；2—断绳保险装置；3—导向器；4—棘轮卷筒；5—挡圈；6—扳手；7—小车车架；8—挡杆；9—偏心重锤

三、塔式起重机的相关标准介绍

我国从 20 世纪 70 年代末期开始研究和制定有关塔式起重机的技术标准，并不断修改完善，对我国塔机行业发展起到了重要的推动作用。

（一）塔式起重机国家标准

现行的国家标准有：

1.《塔式起重机设计规范》(GB/T 13752)；

该标准规定塔式起重机设计计算应遵守的基本准则和计算方法，适用于各种型式、各种用途的电力驱动塔式起重机。

2.《塔式起重机安全规程》(GB 5144)；

该标准规定了塔式起重机在设计、制造、安装、使用、维修、检验等方面应遵守的安全技术要求，适用于各种建筑用塔式起重机。

3.《起重机设计规范》(GB/T 3811)；

该标准确立了起重机总体、结构、机械、电气与安全等部分设计应共同遵守的必要准则，规定了设计、计算要求和方法，可作为对设计进行分析和评价的技术依据。

4.《塔式起重机》(GB/T 5031)；

该标准规定了塔式起重机的术语、分类与标识、技术要求、试验方法、检验规则、信息标识、包装、运输和贮存、安装及爬升、使用检查等，为塔机制造、租赁、安装、使用、检测、管理单位提供技术依据。

5.《起重机械用电力驱动起升机构能效测试方法》(GB/T 30222)

该标准规定了电力驱动起升机构能效测试的方法。

(二) 塔式起重机行业标准

现行的行业标准有：

1.《建筑施工塔式起重机安装、使用、拆卸安全技术规程》(JGJ 196)

该标准贯彻“安全第一，预防为主，综合治理”的方针，以确保塔式起重机在安装、使用拆卸时的安全。

2.《塔式起重机制造监督检验规则》(TSG Q7001)

3.《塔式起重机型式试验细则》(TSG Q7004)

4.《起重机械安装改造重大维修监督检验规则》(TSG Q7016)

第二节　塔式起重机的进场查验

一、塔式起重机进场查验的基本方法

(一) 对供应方(租赁方)的产品考察

施工单位对拟进入现场的塔式起重机供应方进行考察，分如下两种情形：(1) 施工单位自行购置；(2) 施工单位采用租赁方式。不管采取哪种方式，施工单位都要对设备供应方资质、组织机构、售(租)后服务、施工业绩、设备管理、设备实体等进行检验和考察。

1. 设备供应方资质

设备生产厂家应具有国家或省级质量技术监督部门颁发的《特种设备制造许可证》及《安装维修改造保养许可证》，要特别注意《特种设备制造许可证明细表》所列的制造产品范围。有些厂家可能存在超范围生产，违反《特种设备安全法》的产品为违法产品。塔式起重机租赁企业应具有《企业法人营业执照》，经营范围符合且年审合格。目前，一些省市推行租赁资质(资信)制度，以遏制一些不具备租赁条件的小企业，提高租赁企业门槛。

2. 组织机构

设备供应方的组织机构设置及人员组成，包括其单位的安全生产管理机构、安全人员配置、安全生产管理制度等。

3. 售（租）后服务

有明确的售（租）后保障制度，配备具有与生产（租赁）匹配的服务人员。

4. 供应方近三年施工业绩证明

5. 设备管理

供应方设备管理制度，组织机构配置、设备管理人员配备情况；设备技术档案齐全，当地设备备案手续完备。按照《建筑起重机械安全监督管理规定》（建设部第166号令）第五条规定，出租单位在建筑起重机械首次出租前，自购建筑起重机械的使用单位在建筑起重机械首次安装前，应当持建筑起重机械特种设备制造许可证、产品合格证和制造监督检验证明到本单位工商注册所在地县级以上地方人民政府建设主管部门办理备案。

设备技术档案包含以下内容：(1) 生产厂家：需提供安全技术规范要求的设计文件、产品质量合格证明、安装及使用维护保养说明、监督检验证明等相关技术资料和文件。(《特种设备安全法》第二十一条规定)。(2) 设备供应方：购销合同、制造许可证、产品合格证、制造监督检验证明、安装使用说明书、备案证明等原始资料；定期检验报告、定期自行检查记录、定期维护保养记录、维修和技术改造记录、运行故障和生产安全事故记录、累计运转记录等运行资料；历次安装验收资料。

6. 设备实体

可采用抽查的方式进行考察。对停置在场地的设备考察，查看铭牌是否一致，金属机构有无变形、锈蚀，各机构配置齐全；对现场使用的设备，考察内容包括：设备安装情况、设备故障率、用户满意度。

二、塔式起重机常见安全隐患的辨识

常见的安全隐患主要有设备质量、部件损坏，结构变形、磨损、疲劳、锈蚀等原因造成的强度下降，零部件配接失效，松动、销轴窜动，制动失灵、限位失效，吊索具损坏失效，绳索破断，起重设备溜钩、失稳、倾翻，碰撞挤压，电器绝缘及保护失效等。

（一）结构件安全隐患的辨识

1. 预埋结构件安全隐患

（1）主弦杆冻裂；

（2）连接鱼尾板变形；

（3）重复使用。

2. 底架压重

（1）主梁弯曲变形；

（2）压重开裂；

（3）标准节锈蚀（图1-2-1）。

3. 加强节和标准节

（1）标准节连接销轴外窜（图1-2-2）；

（2）标准节连接销轴立销安装不合格、上窜、变形（图1-2-3）；

（3）爬梯变形、踏步断裂、安装不规范、无护圈等（图1-2-4）。

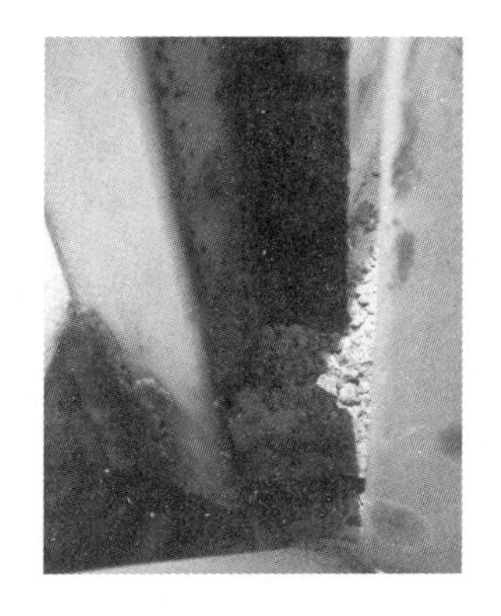

图 1-2-1 标准节锈蚀

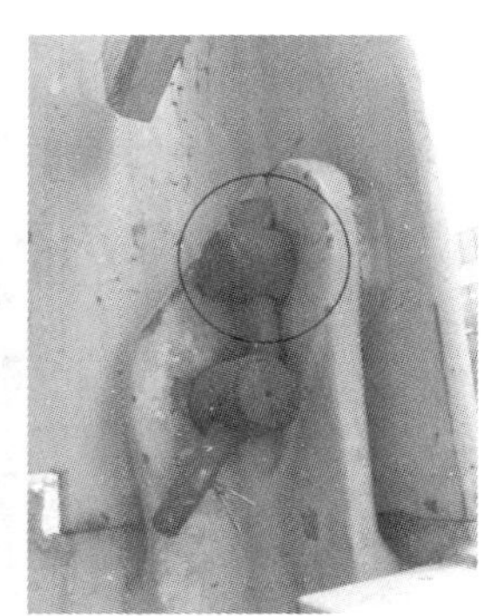

图 1-2-2 标准节连接销轴外窜

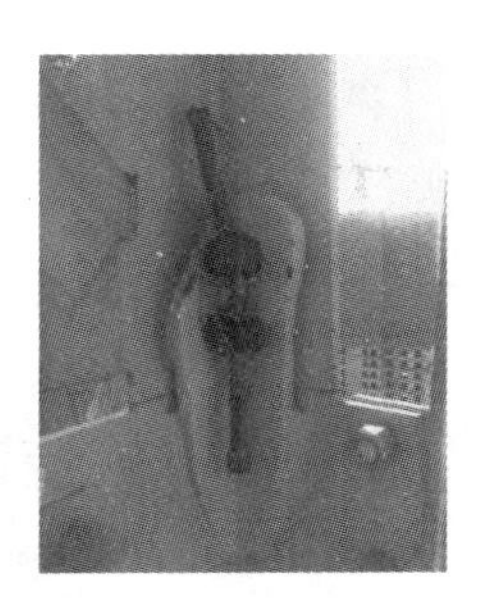

图 1-2-3 标准节连接销轴立销安装不合格、上窜、变形

图 1-2-4 爬梯变形、踏步断裂、安装不规范、无护圈

4. 回转上下支座

(1) 回转箱型部位开焊（图 1-2-5）；

(2) 下支座立焊缝开焊（图 1-2-6）；

图 1-2-5 回转箱型部位开焊

图 1-2-6 下支座立焊绝开焊

（3）锈蚀严重；

（4）回转齿轮打齿（图1-2-7）；

（5）回转连接螺栓断裂（图1-2-8）。

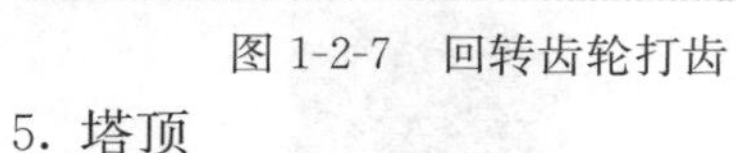

图1-2-7　回转齿轮打齿

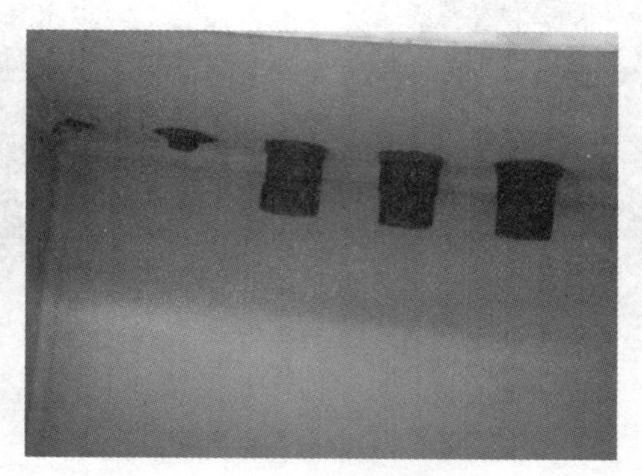

图1-2-8　回转连接螺栓断裂

5. 塔顶

（1）连接销轴孔变形（图1-2-9）；

（2）主弦杆开裂（图1-2-10）；

图1-2-9　连接销轴孔变形

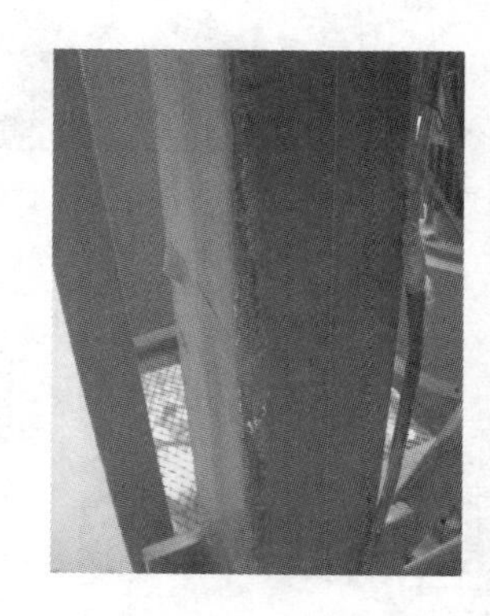

图1-2-10　主弦杆开裂

（3）连接筋板开焊（图1-2-11）。

6. 平衡臂

平衡重未按说明书要求放置并固定（图1-2-12）。

图1-2-11　连接筋板开焊

图1-2-12　平衡重未按说明书要求放置并固定

7. 起重臂

（1）下弦销轴止挡板开裂、脱落，下弦销孔间隙大（图 1-2-13）；

图 1-2-13　下弦销轴挡板开裂、脱落，下弦销孔间隙大

（2）斜腹杆、下弦腹杆钢管开裂（图 1-2-14）；

（3）起重臂整体变形（图 1-2-15）。

图 1-2-14　斜腹杆、下弦腹杆钢管开裂

图 1-2-15　超重臂整体变形

8. 拉杆

（1）弯曲、塑性变形（图 1-2-16）；

（2）拉杆安装不符合规范。

（二）机构装置安全隐患的辨识

1. 起升机构

（1）起升机构防跳槽装置失效（图 1-2-17）；

图 1-2-16　弯曲、塑性变形

图 1-2-17　起升机构防跳槽装置失效

（2）卷扬减速箱打齿（图 1-2-18）；

（3）排绳轮铜套磨损（图 1-2-19）；

图 1-2-18 卷扬减速箱打齿

图 1-2-19 排绳轮铜套磨损

（4）排绳轴轴承损坏（图 1-2-20）；

（5）起升钢丝绳卡扣装反（图 1-2-21）。

图 1-2-20 排绳轴轴承损坏

图 1-2-21 起升钢丝绳卡扣装反

2. 回转机构

回转机构制动器损坏（图 1-2-22）。

3. 变幅机构

变幅限位距离过短（图 1-2-23）。

图 1-2-22 回转机构制动器损坏

图 1-2-23 变幅限位距离过短

4. 行走机构

行走轮边缘破损。

5. 电气系统

司机室内违章设置线路（图 1-2-24）。

此外，还有电缆破损、电气元件缺损。

（三）顶升系统安全隐患的辨识（顶升前的检查，顶升横梁防脱装置）

1. 顶升横梁防脱装置

2. 套架滚轮

套架滚轮架变形（图 1-2-25）。

图 1-2-24　司机室内违章设置线路

图 1-2-25　套架滚轮架变形

3. 液压顶升装置

（1）液压油变质；

（2）液压缸泄漏。

图 1-2-26　套架变形

4. 套架整体机构

套架变形（图 1-2-26）。

（四）电气控制系统安全隐患的辨识

1. 联动台

（1）操作手柄零位保护失效；

（2）安全监控系统失效。

2. 电控箱

（1）箱体严重变形，漏雨；

（2）电器元件老化损坏；

（3）接地装置失效；

（4）相序保护器失效（图 1-2-27）。

3. 主电缆

（1）截面规格小；

（2）老化，破皮，铁丝捆绑（图 1-2-28）。

4. 电动机

（1）接线端盖坏；

（2）散热风机或叶片损坏。

图 1-2-27 相序保护器失效

图 1-2-28 主电缆老化、破皮

（五）附着装置安全隐患的辨识

1. 附着框

图 1-2-29 附着内顶撑不实

（1）内撑杆缺失；

（2）损坏严重。

2. 附着杆

（1）结构变形，锈蚀严重；

（2）截面不符合要求，以小代大；

（3）附着安装不规范（图 1-2-29）。

3. 耳板

（1）孔与销轴（螺栓）配合间隙大（图 1-2-30）；

（2）与拉杆连接销未穿开口销（图 1-2-31）。

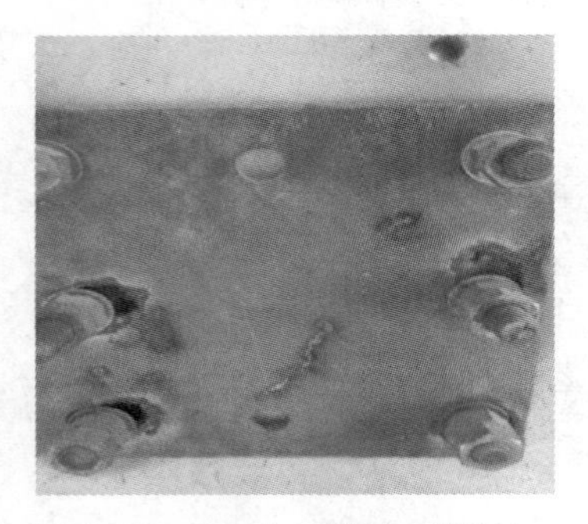

图 1-2-30 孔与销轴（螺栓）配合间隙大

图 1-2-31 与拉杆连接销未穿开口销

（六）主要零配件安全隐患的辨识

1. 吊钩

（1）吊钩磨损（图 1-2-32）；

（2）副钩托架变形（图 1-2-33）。

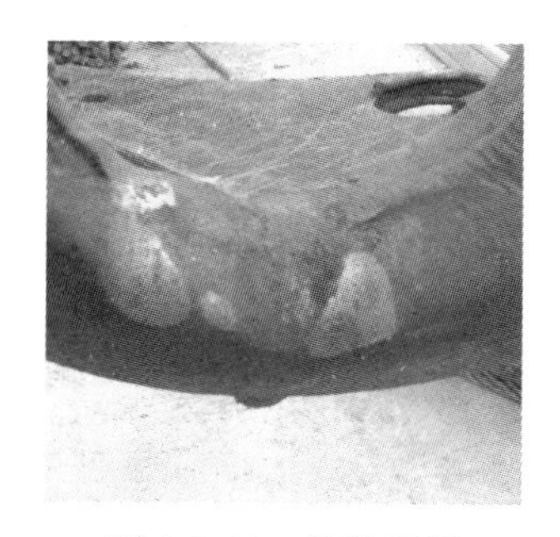

图 1-2-32 吊钩磨损

图 1-2-33 副钩托架变形

2. 钢丝绳

(1) 主卷扬钢丝绳断丝、断股（图 1-2-34）；

图 1-2-34 钢丝绳断丝、断股

(2) 变幅钢丝绳变形（图 1-2-35）。

3. 载重小车

(1) 承重横梁变形（图 1-2-36）；

图 1-2-35 变幅钢丝绳变形

图 1-2-36 承重横梁变形

(2) 断绳保护器失效、变形 (图 1-2-37);

(3) 滚轮损坏;

(4) 载重小车滚轮磨起重臂斜腹杆焊点 (图 1-2-38);

图 1-2-37 断绳保护器失效、变形

图 1-2-38 载重小车滚轮磨起重臂斜腹杆焊点

(5) 载重小车承重轮悬空 (图 1-2-39)。

(七) 群塔施工作业安全隐患的辨识

各塔机之间高度未错开 (图 1-2-40)。

图 1-2-39 载重小车承重轮悬空

图 1-2-40 塔机之间高度未错开

三、塔式起重机的安装作业程序

(一) 安装前准备工作

1. 安全施工技术交底

(1) 安全施工技术交底要求

1) 在设备入场使用前或在实施安全技术方案 (或措施) 前, 或在机械作业环境、季节和工艺发生变化时, 租赁单位、安装单位管理人员应及时对施工人员进行安全交底, 内容为作业方法、作业环境、使用方法、安全操作规程、注意事项以及防护措施。交底应具体, 且具有针对性。

2) 每次安装、拆卸作业前, 租赁单位、安装单位要对安装、拆卸人员进行交底, 内容应包括安装拆卸方法和步骤、安全注意事项、防护措施。

3) 塔式起重机进入工地使用前, 租赁单位、出租单位管理人员应对操作者交底, 内容应包括安全操作规程、注意事项、防护措施以及工地的安全生产规定; 塔机作业还要就群塔作业方案进行专项交底; 还应与使用单位共同对相关作业人员进行联合交底。

4）在进行有危险因素存在的检修、清理作业前，租赁单位以及实施检修、清理的单位应对作业人员进行现场交底，应重点指明有危险因素的过程和部位以及防护措施。

5）进行塔机安装、顶升、附着、拆卸、检修、维护保养等工作的班组的班组长、机长，应坚持在每天上岗前对班组人员进行口头交底，内容为安全注意事项和防护措施；交底应具体，具有针对性。试用期的新工人每次作业时，监护人应对其进行交底，内容不应忽略一些安全常规知识，还应包括如何使用安全防护用品和设施。

6）除第5条的交底外，上述交底均应有书面记录，并写明交底时间、交底人，所有接受交底的人员均应签字，不得代签；对其他人员的交底也应有记录和签字；交底书应在作业前交相关部门存档备查。

（2）安全技术交底

1）正常施工作业交底；

2）雨季施工作业交底；

3）台风来临前的作业交底；

4）附着顶升施工作业交底；

5）司机、信号工联合交底。

2. 检查安装场地及施工现场环境条件

塔机进场安装前，应对施工现场的环境条件进行勘察确认，如不符合安装条件时不得进行施工作业。

（1）环境要求

安装现场必须道路坚实、畅通，便于进出运输车辆，保证有满足安装要求的平整场地堆放塔机。

安装用汽车吊或履带吊等辅助机械的施工范围内，不得有妨碍安装的构筑物、建筑物、高压线以及其他设施或设备。

安装用辅助机械的站位基础必须满足吊装要求，基础下不得有空洞、墓穴、沟槽等不实结构，基础承载力必须满足要求。

（2）气候要求

夏季安装应注意防雨、防雷，秋季应考虑霜冻及大雾影响，冬季应考虑下雪及强风影响，恶劣天气严禁作业；雨雪过后，请及时清理，做好防滑措施。

当风速达到四级时必须停止安装及顶升作业，风力等级表见表1-2-1。

风力等级表　　**表1-2-1**

等级	名称	相当风速		等级	名称	相当风速	
		km/h	m/s			km/h	m/s
0	无风	小于1	0～0.2	7	疾风	50～61	13.9～17.1
1	软风	1～5	0.3～1.5	8	大风	62～74	17.2～20.7
2	轻风	6～11	1.6～3.3	9	烈风	75～88	20.8～24.4
3	微风	12～19	3.4～5.4	10	狂风	89～102	24.5～28.4
4	和风	20～28	5.5～7.9	11	暴风	103～117	28.5～32.6
5	轻劲风	29～30	8.0～10.7	12	飓风	118～133	32.7～36.9
6	强风	31～49	10.8～13.8				

当室外温度达到高温37℃以上或零下25℃时，应停止安装顶升作业，以免施工人员中暑或冻伤。

（3）不同施工阶段要求

1）基坑边安装应注意边坡的稳定性及承载力，应计算其是否符合要求。

2）基坑下安装应注意坡道稳定性及承载力，坡道不宜太陡，应便于运输车辆及安装用吊车的进出，以免出现塌方、滑坡等现象。

3）当在地下室顶板、栈桥或屋顶上站位时应核算承载力，必要时进行加固处理。

4）当在桩基础、格构柱基础上的混凝土承台或钢承台上安装时，必须验算桩及格构柱承载力，格构柱被挖露出地面时应及时加固处理。

3. 检查安装工具设备及安全防护用具

安装前应仔细检查安装工具、设备及安全防护用品的可靠性，确保无任何问题方可开始施工。（包括辅助机具如汽车吊，辅助工具如绳索、卡环，安全防护用具等）

（二）塔式起重机的安装

示例一：HK7030塔式起重机安装作业程序

1. 熟悉、了解塔机

（1）总体概况。

HK7030塔机是一种自升式上回转水平臂塔式起重机，具有行走、固定、附着、内爬等工作形式，最大臂长70m，臂尖吊重3t，最大吊重12t，附着状态最大使用高度159.7m，起升最大速度80m/min。

1）使用环境及工作条件

① 使用地区非工作状态风压不大于1100N/m^2，工作状态风压不大于250N/m^2。

② 工作环境温度−20～+40℃。

③ 安装、拆卸、顶升操作时，在塔机的最大安装高度处风速不大于13m/s。

④ 塔机的利用等级U5，工作级别A5，载荷状态Q2。

⑤ 安全操作距离不小于0.6m。

⑥ 电源电压380V±10%；频率50Hz（电源电压440V±10%；频率60Hz，此种情况应与制造厂联系）。

⑦ 塔机安装后，塔身轴心线对支撑面的侧向垂直度误差小于4/1000。

⑧ 塔机基础的地耐力应符合设计要求。

⑨ 接地电阻不超过4Ω。

2）塔机工作形式示意图

底架式固定塔机示意图见图1-2-41，行走式塔机示意图见图1-2-42，固定基础附着塔机示意图见表1-2-43，内爬式塔机示意图见图1-2-44。

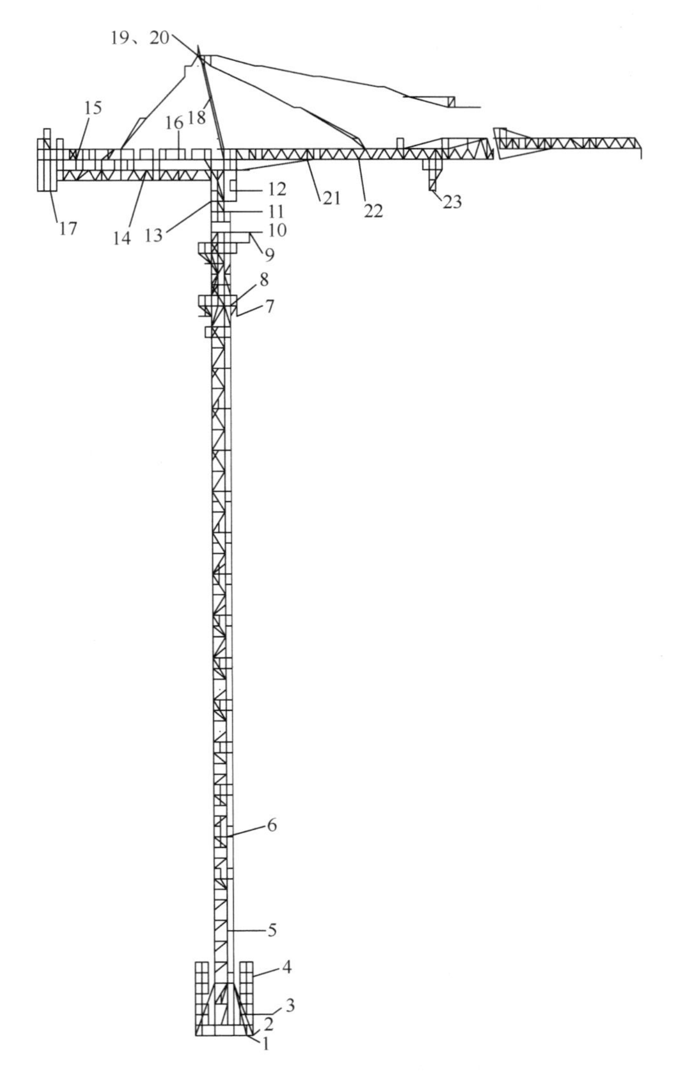

图 1-2-41　底架式固定示意图

1—台车；2—铰接支座；3—底架；4—压重；5—过渡节；6—标准节；7—套架；8—油缸、泵站；9—引进装置；10—回转支承；11—回转机构；12—司机室；13—司塔节；14—平衡臂；15—起升机构；16—测力环；17—平衡重；18—塔顶；19—风速仪；20—障碍灯；21—变幅机构；22—臂架；23—小车；24—附着框架；25—内爬装置

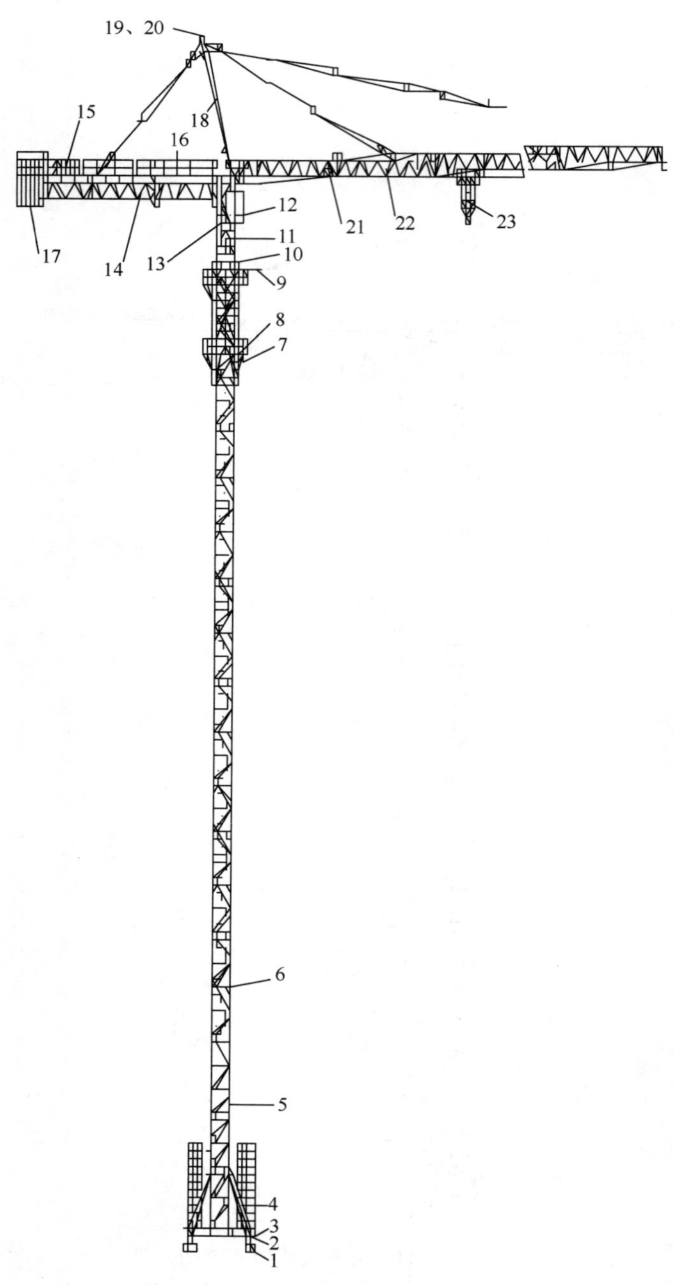

图 1-2-42　行走式塔式示意图

（注：图注见图 1-2-41）

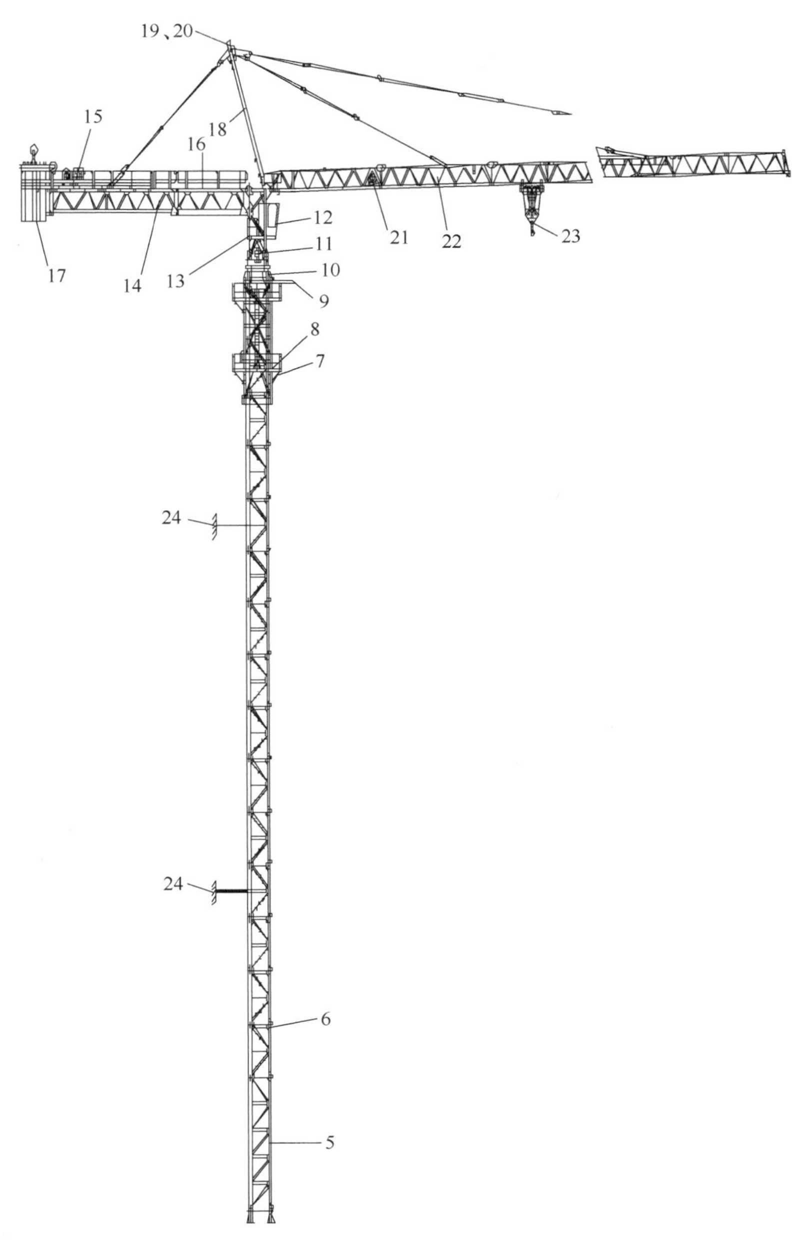

图 1-2-43　固定基础附着塔机示意图

（注：图注见图 1-2-41）

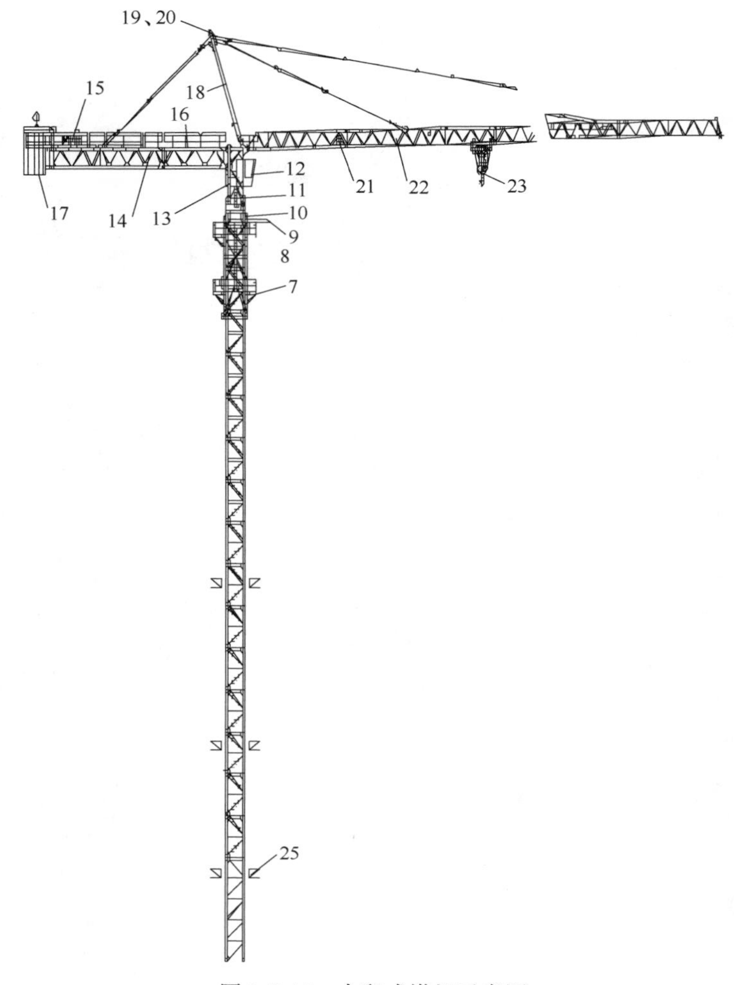

图 1-2-44 内爬式塔机示意图

（注：图注见图 1-2-41）

（2）塔机性能参数

1）机构技术参数（表 1-2-2）；

塔机机构技术参数 **表 1-2-2**

<table>
<tr><th>机构</th><th colspan="3">速度（m/min）</th><th>吊重（t）</th><th>容绳量</th><th>功率</th></tr>
<tr><td rowspan="4">起升机构 70RCS30</td><td rowspan="2">二绳</td><td>快速</td><td>0～80</td><td>3</td><td rowspan="4">394m
>394m*</td><td rowspan="4">51.5kW</td></tr>
<tr><td>慢速</td><td>0～40</td><td>6</td></tr>
<tr><td rowspan="2">四绳</td><td>快速</td><td>0～40</td><td>6</td></tr>
<tr><td>慢速</td><td>0～20</td><td>12</td></tr>
<tr><td>变幅机构 6DPC4</td><td colspan="3">6-23-45</td><td></td><td></td><td>2.2～4.4kW</td></tr>
<tr><td>回转机构 OMD85</td><td colspan="3">0～0.8r/min</td><td rowspan="3"></td><td rowspan="3"></td><td>2×9kW</td></tr>
<tr><td>行走机构 RT433</td><td colspan="3">12.5～25</td><td>4×3.7kW</td></tr>
<tr><td>顶升机构</td><td colspan="3">0.5</td><td>11kW</td></tr>
<tr><td colspan="7">电源 380V～50Hz/ 440V～60Hz*（*在这种情况下请与生产厂协商）</td></tr>
<tr><td colspan="7">供电容量 150kVA</td></tr>
</table>

2）载荷特性（见表 1-2-3）；

塔机载荷特性　　　　**表 1-2-3**

臂长（m）	倍率	幅度（m）	吊重（t）	25	30	35	40	45	50	55	60	65	70
70	4	3.2～19	12	8.78	7.13	5.95	5.07	4.38	3.83	3.38	3	2.69	2.41
	2	4～38	6	6	6	6	5.65	4.96	4.41	3.96	3.59	3.27	3
65	4	3.2～22	12	10.2	8.27	6.93	5.92	5.22	4.52	4.02	3.58	3.2	
	2	4～43.1	6	6	6	6	6	5.8	5.1	4.6	4.16	3.8	
60	4	3.2～22	12	10.4	8.5	7.1	6.1	5.28	4.6	4.1	3.68		
	2	4～44	6	6	6	6	6	5.86	5.22	4.69	4.26		
55	4	3.2～24	12	11	8.5	7.12	6.13	5.28	4.65	4.28			
	2	4～44	6	6	6	6	6	5.87	5.23	4.71			
50	4	3.2～24	12	11.3	9.3	7.75	6.64	5.8	5.09				
	2	4～47	6	6	6	6	6	6	5.6				
45	4	3.2～24	12	11.5	9.32	7.78	6.66	5.8					
	2	4～45	6	6	6	6	6	6					
40	4	3.2～24	12	11.6	9.35	7.8	6.68						
	2	4～40	6	6	6	6	6						

3）塔机支反力及外形尺寸；

4）其他有关参数。

轨距×轴距为：6m×6m。

主要承载构件材料：Q345B，Q235B。

（3）塔机的主要尺寸及重量

1）塔机各部件就位后的高度（表 1-2-4）

塔机各部件就位后的高度　　　　**表 1-2-4**

部件 C	幅度 *P*	部件就位后理论高度 *h*（m）	汽车吊高度 *H*（m）	重量 *D*（kg）±5%	
1	8M（min）	0.5	1	4×398	
2		5.3	8.2	a	2×1225
				b	2214
				c	4×180
				d	4×547
				e	3796
3		13.1	16.2	9274	
6		15.5	18.7	6600	
7		18	21	4654	
8		26.6	28.6	2500	

续表

部件C	幅度P	部件就位后理论高度h (m)	汽车吊高度H (m)	重量D (kg)±5%	
9	8M (min)	18.5	22	9/1	3250
				9/2	7550
				9/3	2370
10a		19.5	22.5	13761	
10b		19.5	22.5	14251	
10c		19.5	22.5	14672	
10d		19.5	22.5	15832	
10e		19.5	22.5	16253	
11		19.5	22.5	3100	
12		19.5	22.5	1800	

2）各部件尺寸及重量（表1-2-5）。

塔机各部件尺寸及重量 **表1-2-5**

部件	外形尺寸（mm）		重量（kg）
行走台车	A	1050	398
	B	640	
	C	1200	
横梁总成	外形尺寸（mm）		重量（kg）
	A	6380	1225
	B	790	
	C	580	
底架横梁			1080
铰接支座			145
底架纵梁	外形尺寸（mm）		重量（kg）
	A	7140	2214
	B	520	
	C	2480	
水平撑杆	外形尺寸（mm）		重量（kg）
	A	2440	180
	B	240	
	C	240	
基础节	外形尺寸（mm）		重量（kg）
	A	3800	3796
	B	2500	
	C	2500	

部件	外形尺寸（mm）		重量（kg）
斜撑杆	A	4445	547
	B	340	
	C	370	
通道	重量（kg）		
	A通道		36
	D通道		89
塔身	外形尺寸（mm）		重量（kg）
	A	3280	1820
	B	2110	
	C	2100	
过渡节	A	7760	4120
	B	2110	
	C	2100	
套架总成	外形尺寸（mm）		重量（kg）
	A	8700	5154
	B	4300	
	C	4050	
套架	A	7260	3748
	B	2600	
	C	2440	

续表

	外形尺寸（mm）		重量（kg）
司塔节总成	A	2950	4654
	B	4300	
	C	1600	
司塔节	A	2450	4250
	B	4300	
	C	1600	
司机室	A	1886	404
	B	2006	
	C	1000	
平台	A	1150	797
	B	4300	
	C	4050	
顶升梁	A	1430	480
	B	1920	
	C	260	
油缸			367
塔尖总成	外形尺寸（mm）		重量（kg）
	A	1600	2500
	B	8790	
	C	1400	
塔尖	A	1600	1210
	B	8790	
	C	1400	
拉杆			1290
回转支承总成	外形尺寸（mm）		重量（kg）
	A	4250	6600
	B	2400	
	C	2400	
回转支承	A	2500	6350
	B	2400	
	C	2500	
引进梁	A	4250	115×2
	B	340	
	C	90	

	外形尺寸（mm）		重量（kg）
平衡臂一节总成	A	6550	3250
	B	2550	
	C	1850	
平衡臂一节	A	6550	2680
	B	1600	
	C	1850	
护栏			60
拉杆			185
连接叉			325
平衡臂二节总成	外形尺寸（mm）		重量（kg）
	A	14510	7550
	B	3850	
	C	3150	
平衡臂二节	A	11400	5660
	B	1850	
	C	1950	
平衡重支架	A	3100	1595
	B	1600	
	C	1950	
平台			295
起升机构70RCS40			2370
臂架	外形尺寸（mm）		重量（kg）
	70M		15233
	65M		14812
	60M		13652
	55M		13231
	50M		12741
	45M		11583
	40M		10425
1号臂架总成	A	10300	3240
	B	1450	
	C	1600	
牵引机构			250

续表

	外形尺寸（mm）		重量（kg）
1号臂架	A	10300	2450
	B	1450	
	C	1600	
连接叉和拉杆	A		540
	B		
	C		
	外形尺寸（mm）		重量（kg）
2号臂架总成	A	10350	2817
	B	1300	
	C	1600	
2号臂架	A	10350	1837
	B	1300	
	C	1600	
双拉杆			980
	外形尺寸（mm）		重量（kg）
3号臂架总成	A	5350	1158
	B	1300	
	C	1600	
3号臂架	A	5350	938
	B	1300	
	C	1600	
拉杆			220
	外形尺寸（mm）		重量（kg）
4号臂架总成	A	5350	1158
	B	1300	
	C	1600	
4号臂架	A	5350	938
	B	1300	
	C	1600	
拉杆			220
	外形尺寸（mm）		重量（kg）
5号臂架总成	A	5350	1160
	B	1300	
	C	1600	
5号臂架	A	5350	938
	B	1300	
	C	1600	
拉杆			222

	外形尺寸（mm）		重量（kg）
6号臂架总成	A	1350	2020
	B	1300	
	C	1600	
6号臂架	A	10350	1700
	B	1300	
	C	160	
拉杆			320
臂尖总成	A	600	160
	B	1510	
	C	1760	
钢丝绳			45
	外形尺寸（mm）		重量（kg）
7号臂架总成	A	10350	2150
	B	1350	
	C	1600	
7号臂架	A	10350	1490
	B	1350	
	C	1600	
双拉杆			660
	外形尺寸（mm）		重量（kg）
8号臂架总成	A	5350	490
	B	1300	
	C	1600	
9号臂架	A	5350	421
	B	1300	
	C	1600	
	外形尺寸（mm）		重量（kg）
10号臂架	A	5350	475
	B	1300	
	C	1600	
后小车	A	1300	310
	B	1000	
	C	1670	
前小车	A	1300	245
	B	1000	
	C	1670	

2. 安装前的准备

在已有建筑物的场所，应注意起重机的尾部与建筑物及建筑物外围施工设施之间的距离不小于0.5m。

在有架空输电线的场所，起重机的任何部位与输电线的安全距离应符合表1-2-6的规定，以避免起重机结构进入输电线的危险区。

起重机与输电线的安全距离 表1-2-6

电压（kV） 安全距离（m）	<1	<1～15	<20～40	<60～110	<220
沿垂直方向	1.5	3.0	4.0	5.0	6.0
沿水平方向	1.0	1.5	2.0	4.0	6.0

如果条件限制不能保证表中的安全距离，应与有关部门协商，并采取安全防护措施方可架设。

两台起重机之间的最小架设距离应保证处于低位的起重机的臂端与另一台起重机的塔身之间至少有2m的距离；处于高位起重机的最低位置的部件（吊钩升至最高点或最高位置的平衡重）与低位起重机中处于最高位置之间的垂直距离不得小于2m。

（1）场地与空间

给出立塔所需空间的尺寸要求，所给尺寸为理论尺寸，不考虑载荷或无载荷时的变形尺寸。

（2）轨道

1）轨道铺设要求

用户自行负责轨道铺设；

钢轨型号 P50；

轨距 6m×6m；

地面承受压力不低于2×10^5Pa；

轨距误差小于3mm；

纵横方向上轨顶面的倾斜度不大于1/1000；

钢轨接头间隙不大于4mm，与另一侧钢轨接头错开，距离不小于1.5m，接头处两轨顶高差不大于2mm；

轨道应良好接地，接地电阻不大于4Ω；

钢轨选择时应以支承面略有磨损为佳。

2）轨道行走限位

应根据实际行走限位开关的型号安装行走限位开关撞铁A的位置，保证塔机停止时距缓冲停止器B不小于0.5m，撞铁A应与轨道平行，应保证行走限位开关滚轮位于撞铁A上。

（3）固定基础

1）固定基础选择

根据塔机使用的最终高度、现场地面压力来选用混凝土块。表1-2-7中所列数值均应等于或小于现场地面压力值（表1-2-8）。

固定基础受力表 表 1-2-7

塔身节组成	工作状态						非工作状态				
	高度（m）	重量（kg）	最大力矩（m·kg）	剪力（kg）	支座反力		重量（kg）	最大力矩（m·kg）	剪力（kg）	支座反力	
					拉力（kg）	压力（kg）				拉力（kg）	压力（kg）
1+0+1	9.7	72750	154765	2075	52235	78014	68567	184984	5050	54143	86359
1+1+1	12.7	74750	160007	2243	53758	80421	70337	184984	5587	53700	86802
1+2+1	15.7	76290	166753	2411	55470	83018	72107	184984	6125	53257	87245
1+3+1	18.7	78060	173004	2579	57371	85804	73877	184984	7548	52814	87688
1+4+1	21.7	79830	179758	2747	59461	88779	75647	184984	8085	52371	88131
1+5+1	24.7	81600	187016	2915	61739	91943	77417	184984	8623	51928	88574
1+6+1	27.7	83370	194779	3083	64207	95296	79187	184984	9362	51485	89017
1+7+1	30.7	85140	203045	3251	67241	99214	80957	184984	10102	51043	89460
1+8+1	33.7	86910	211816	3419	71041	103900	82727	184984	10841	50600	89904
1+9+1	36.7	88680	221091	3587	74964	108586	84497	184984	11580	50157	90346
1+10+1	39.7	90450	230869	3755	79007	113393	86267	184984	12320	49714	90789
1+11+1	42.7	92220	241152	3923	83172	117922	88037	185074	13059	49217	91232
1+12+1	45.7	93990	251939	4091	87459	122451	89807	197568	13798	53513	96353
1+13+1	48.7	95760	263230	4259	91867	127622	91577	240682	14538	69235	112966
1+14+1	51.7	97530	275025	4427	96396	133037	93347	286015	15277	85798	130405

地面压力及混凝土的选择 表 1-2-8

塔身节组成	高度	压力（kg/cm²）			
		M101N	M142N	M126N	M169N
1+0+1	9.7	1.49	1.37	1.14	1.15
1+1+1	12.7	1.49	1.37	1.15	1.16
1+2+1	15.7	1.49	1.38	1.15	1.16
1+3+1	18.7	1.49	1.38	1.15	1.16
1+4+1	21.7	1.50	1.40	1.16	1.18
1+5+1	24.7	1.55	1.43	1.19	1.20
1+6+1	27.7	1.60	1.47	1.23	1.23
1+7+1	30.7	1.66	1.52	1.27	1.26
1+8+1	33.7	1.73	1.57	1.31	1.30
1+9+1	36.7	1.80	1.62	1.35	1.33
1+10+1	39.7	1.88	1.67	1.40	1.37
1+11+1	42.7	1.96	1.73	1.45	1.41
1+12+1	45.7	2.06	1.79	1.50	1.45
1+13+1	48.7	2.16	1.86	1.55	1.50
1+14+1	51.7	2.56	2.13	1.76	1.65

2）固定角钢的安装

固定角钢安装不恰当会使塔机出现严重事故，如塔身节不垂直、变形等。应使用厂家提供的固定角钢并按照下述说明安装：

① 固定角钢必须同混凝土块中心线对称安装。

② 注意固定角钢鱼尾板的安装尺寸（150mm）。

③ 注意正确接地。

根据安装方案要求，将塔机基础定位位置确定好，并将调整高度的马凳放置在相应的四个角上，将固定角钢安放在马凳上，并将固定架与固定角钢用 8 个带帽销轴 $\phi65\times194$ 连接一起，用斜楔调整固定角钢支板；将 1-2 节标准节与固定架用 8 个带帽销轴 $\phi55\times186$ 连接一起；用一个铅垂线陀或水平仪从两个方向检查是否垂直，调整固定好，必要时焊接牢固。浇筑混凝土，待其完全干硬后，拆下固定架及标准节。要求同一水平上的销轴孔的垂直误差小于 2mm。

注意：固定架仅做埋设固定角钢用。

（4）底架式固定基础

塔机带底架固定形式使用时，底架上的行走机构需要拆掉，底架横、纵梁直接安放在基础上，并需要安放压重，压重的重量按塔机使用高度而定。

（5）现场供电与接地

1）供电制

本机型适用的供电系统为 380V（±10%）、50Hz、三相四线制、中性点直接接地系统。当用于 440V、60Hz 体制时，需做一定改动，请与制造厂联系。当用于中性点不直接接地系统时，需做一定改动，请与制造厂联系。当用于三相五线制系统时，应将电网零线（N）放空，将电网地线（PE）与塔机自带的电缆零线联接。

塔机正常漏电值明显大于工地其他设备，一般均应使用空气开关做保护。当必须使用漏电开关时，必须使用有低限不动作限制的类型，如动作漏电值 100mA，不动作漏电值 50mA。如果不动作值没有限制或限制过小，则可能误动作频繁。

2）供电容量

本塔机装机容量行走式为 149.2kW，同时运行的电机容量和为 90.2kW，其中最大单机 51.5kW（绕线式、串电阻启动）。固定式塔机装机容量为 132.9kW，同时运行的电机容量和为 73.9kW，其中最大单机 51.5kW（绕线式、串电阻启动）。

塔式起重机的塔身随线、电缆卷筒线等均有很大长度，故内部电压降大，且频繁启制动，尖峰电流经常出现。因而，供电应考虑到尖峰时的塔机内外部压降之和不大于 10%，为塔机供电所配的变压器不应小于 150kW，自变压器至塔机之间的电缆应专用于塔机，其单线线径不小于 $70mm^2$，当供电距离大于 100m 时，线径应在 $120mm^2$ 以上。当供电距离太远，塔机难以正常工作时，可向制造厂咨询解决办法。塔机供电自变压器出口处到末级闸箱应专用电缆，不能专用时，塔机与其他设备会互相干扰，导致一方甚至双方不能正常工作。

3）附加设备

塔机上供电容量有限，不应附加其他用电设备；一定要加时，请另配单独供电电缆。本塔上无工作零线，在三相五线制配漏电保护器的供电体制下，任何附加的单相用电设备都会跳漏电开关。

4）供电到达位置

对于行走式塔机，末级配电箱应到达轨道中段，不妨碍塔机行走的位置；对于固定式塔机，末级配电箱应置于塔身根部附近5m之内。

5）接地

本节“接地”一词指塔机与接地网的联接，不是指塔机与PE线（电网保护地线）的联接。

不同气象和地理条件的地区，接地网的制作方法差距很大，应依据塔机实际使用地区的用电监察部门提供的制作规范进行。各地方供电局都为变压器中点接地网、烟囱避雷针接地网等提供标准做法，可参照实施。如北京地区，可参照北京市供电局编发的《电气施工安装图册》。完成后的接地网，其接地电阻值应小于4Ω。不能满足时，可扩大接地网或并接第二接地网；仍不能满足时，向本地用电监察部门咨询。如该地区允许使用化学降阻剂，本塔机也可以用。

轨道间接头及两轨间都应做可靠的电气连接，一般用钢筋跨焊。

轨道很长时，每隔30m应做重复接地网。重复接地网的接地电阻值应在4Ω以下。

固定式塔机可由地脚上专用的接地螺栓与接地网相联，应不少于两根引线。

本地方的有关规程允许使用自然接地体时，塔机可以将其作为重复接地网使用，其值应在4Ω以下。

在感应电磁波强烈的地区，接地不能完全消除大钩带电现象。依照国家有关规定，起重工此时应穿绝缘靴、戴绝缘手套工作。

塔机新立、转场，接地电阻均应使用专用接地摇表测量并记录。雷雨季节到来之前应再次摇测。

（6）压重

用户自制混凝土压重。

根据塔机使用的高度选用压重的重量，见表1-2-9：

压重及支座反力　　表1-2-9

塔身节组成	起升高度	混凝土层数	混凝土块数量	重量	▲支座反力	●支座反力	支座水平反力
2+0+1	14.6m	6	12C+12D	63.6t			6.34t
2+1+1	17.6m	6	12C+12D	63.6t			6.42t
2+2+1	20.6m	6	12C+12D	63.6t			6.49t
2+3+1	23.6m	6	12C+12D	63.6t			6.57t
2+4+1	26.6m	6	12C+12D	63.6t			6.65t
2+5+1	29.6m	6	12C+12D	63.6t			6.72t
2+6+1	32.6m	6	12C+12D	63.6t			6.8t
2+7+1	35.6m	6	12C+12D	63.6t			6.88t
2+8+1	38.6m	6	12C+12D	63.6t			6.95t
2+9+1	41.6m	6	12C+12D	63.6t			7.03t
2+10+1	44.6m	6	12C+12D	63.6t			7.22t

续表

塔身节组成	起升高度	混凝土层数	混凝土块数量	重量	▲支座反力	●支座反力	支座水平反力
2+11+1	47.6m	6	12C+12D	63.6t			7.56t
2+12+1	50.6m	6	12C+12D	63.6t			7.89t
2+13+1	53.6m	6	12C+12D	63.6t			8.23t
2+14+1	56.6m	6	12C+12D	63.6t	98.1t	104t	8.57t

注：▲ 工作状态下支座反力；
● 非工作状态下支座反力。
混凝土 D 块压重 2500kg。混凝土 C 块压重 2800kg。

（7）配重

配重由 F 块和 E 块组合而成，G 块 3700kg，F 块 3100kg，E 块 1800kg，制作允许误差为±10kg。配重块应标识重量，不同臂长的配重组合见表 1-2-10。

不同臂长的配重组合　　表 1-2-10

起重臂长度	40m	45m	50m	55m	60m	65m	70m
配重块组合	3F+1E	2F+4E	4F+2E	5F+1E	6F	5F+1G	3F+3G
配重量（t）	11.1	13.4	16	17.3	18.6	19.2	20.4

第三节　塔式起重机的施工现场安装、顶升、附着和拆卸

一、安装、顶升、附着和拆卸工程专项施工方案的编制

（一）基本要求

为确保施工安全，在塔式起重机安装、拆卸前应编制专项施工方案，指导作业人员实施安装、拆卸作业。专项施工方案应根据塔式起重机使用说明书和作业场地的实际情况编制，并按照国家现行相关标准和住房城乡建设主管部门的有关规定实施。专项施工方案应由本单位技术、安全、设备等部门审核、技术负责人审批后，经监理单位批准实施。

塔式起重机安装专项施工方案应包括以下内容：（1）工程概况；（2）安装位置平面和立面图；（3）所选用的塔式起重机型号及性能技术参数；（4）基础和附着装置的设置；（5）爬升工况及附着点详图；（6）安装顺序和安全质量要求；（7）主要安装部件的重量和吊点位置；（8）安装辅助设备的型号、性能及布置位置；（9）电源的位置；（10）施工人员配置；（11）吊索具和专用工具的配备；（12）安装工艺顺序；（13）安全装置的调试；（14）重大危险源和安全技术措施；（15）应急预案等。

塔式起重机拆卸专项施工方案应包括以下内容：（1）工程概况；（2）塔式起重机位置的平面和立面图；（3）拆卸顺序；（4）部件的重量和吊点位置；（5）拆卸辅助设备的型号、性能和布置位置；（6）电源的设置；（7）施工人员的配置；（8）吊索具和专用工具的配备；（9）重大危险源和安全技术措施；（10）应急预案等。

塔式起重机在使用过程中需要附着的，亦应制订相应的附着专项施工方案，并由使用

单位委托原安装单位或者具有相应资质的安装单位按照专项施工方案实施，并按规定组织验收。验收合格后，方可投入使用。

专项施工方案实施前，应按照规定组织安全施工技术交底并签字确认，同时将专项施工方案、安装拆卸人员名单、安装拆卸时间等资料报施工总承包单位和监理单位审核合格后，告知工程所在地县级以上地方人民政府建设主管部门。

二、塔式起重机的安装作业程序

（一）安装前准备工作

1. 安全施工技术交底

(1) 安全施工技术交底要求

1) 在设备入场使用前，或在实施安全技术方案（或措施）前，或在机械作业环境、季节和工艺发生变化时，租赁单位、安装单位管理人员应及时对施工人员进行安全交底，内容为作业方法、作业环境、使用方法、安全操作规程、注意事项以及防护措施。交底应具体，且具有针对性。

2) 每次安装、拆卸作业前，租赁单位、安装单位要对安装、拆卸人员进行交底，内容应包括安装拆卸方法和步骤、安全注意事项、防护措施。

3) 塔式起重机进入工地使用前，租赁单位、出租单位管理人员应对操作者交底，内容应包括安全操作规程、注意事项、防护措施以及工地的安全生产规定；塔机作业还要就群塔作业方案进行专项交底；应与使用单位共同对相关作业人员进行联合交底。

4) 在进行有危险因素存在的检修、清理作业前，租赁单位以及实施检修、清理的单位应对作业人员进行现场交底，重点指明有危险因素的过程和部位以及防护措施。

5) 进行塔机安装、顶升、附着、拆卸、检修、维护保养等工作的班组及其班组长、机长，应坚持在每天上岗前对班组人员进行口头交底，内容为安全注意事项和防护措施；交底应具体，具有针对性。试用期的新工人每次作业时，监护人应对其进行交底，内容不应忽略一些安全常规知识，还应包括如何使用安全防护用品和设施。

6) 除上述5) 的交底外，上述交底均应有书面记录，并写明交底时间、交底人，所有接受交底的人员均应签字，不得代签；对其他人员的交底也应有记录和签字；交底书应在作业前交相关部门存档备查。

(2) 安全技术交底

1) 正常施工作业交底；2) 雨季施工作业交底；3) 台风来临前的作业交底；4) 附着顶升施工作业交底；5) 司机、信号工联合交底。

2. 检查安装场地及施工现场环境条件

塔机进场安装前，应对施工现场的环境条件进行勘察确认；不符合安装条件时，不得进行施工作业。

(1) 环境要求

安装现场必须道路坚实、畅通，便于进出运输车辆，保证有满足安装要求的平整场地堆放塔机。

安装用汽车吊或履带吊等辅助机械的施工范围内，不得有妨碍安装的构筑物、建筑物、高压线以及其他设施或设备。

安装用辅助机械的站位基础必须满足吊装要求，基础下不得有空洞、墓穴、沟槽等不实结构，基础承载力必须满足要求。

（2）气候要求

夏季安装应注意防雨、防雷，秋季应考虑霜冻及大雾影响，冬期应考虑下雪及强风影响，恶劣天气严禁作业；雨雪过后，请及时清理，做好防滑措施；当风速达到四级时，必须停止安装及顶升作业，风力等级见表 1-3-1；当室外温度达到高温 37℃以上或－25℃时，应停止安装顶升作业，以免施工人员中暑或冻伤。

风力等级表　　**表 1-3-1**

等级	名称	相当风速		等级	名称	相当风速	
		km/h	m/s			km/h	m/s
0	无风	小于 1	0～0.2	7	疾风	50～61	13.9～17.1
1	软风	1～5	0.3～1.5	8	大风	62～74	17.2～20.7
2	轻风	6～11	1.6～3.3	9	烈风	75～88	20.8～24.4
3	微风	12～19	3.4～5.4	10	狂风	89～102	24.5～28.4
4	和风	20～28	5.5～7.9	11	暴风	103～117	28.5～32.6
5	轻劲风	29～30	8.0～10.7	12	飓风	118～133	32.7～36.9
6	强风	31～49	10.8～13.8				

（3）不同施工阶段要求

1）基坑边安装应注意边坡的稳定性及承载力，应计算其是否符合要求；

2）基坑下安装应注意坡道稳定性及承载力，坡道不宜太陡，应便于运输车辆及安装用吊车的进出，以免出现塌方、滑坡等现象；

3）当在地下室顶板、栈桥或屋顶上站位时应核算承载力，必要时进行加固处理；

4）当在桩基础、格构柱基础上的混凝土承台或钢承台上安装时，必须验算桩及格构柱承载力，格构柱被挖露出地面时应及时加固处理。

3. 检查安装工具设备及安全防护用具

安装工作前应确认所需工具和安全防护用具是否完备，对所使用的起重设备应进行试吊验证。对于下述的安装工具，应明确型号规格。

（1）安装工具及设备

1）工具：呆扳手，活动扳手，梅花扳手，吊索，麻绳，手锤，卡环，倒链，撬杠，导向冲子，钳子、螺丝刀，电工工具，活动扳手，吊装钢丝绳，卸扣，麻绳，内六角扳手，卡簧钳等。

2）设备：安装用辅助设备，如汽车吊、履带吊等起重设备。

（2）安全防护用具

安全帽、安全带、安全绳、防滑鞋、安全警戒带。

（二）塔式起重机的安装

示例一：HK7030 塔式起重机安装作业程序

1. 熟悉、了解塔机

（1）总体概况

HK7030塔机是一种自升式上回转水平臂塔式起重机，具有行走、固定、附着、内爬等工作形式，最大臂长70m，臂尖吊重3t，最大吊重12t，附着状态最大使用高度159.7m，起升最大速度80m/min。

1）使用环境及工作条件

① 使用地区非工作状态风压不大于1100N/m²，工作状态风压不大于250N/m²。

② 工作环境温度－20℃ ～ ＋40℃。

③ 安装、拆卸、顶升操作时，在塔机的最大安装高度处风速不大于13m/s。

④ 塔机的利用等级U5，工作级别A5，载荷状态Q2。

⑤ 安全操作距离不小于0.6m。

⑥ 电源电压380V±10%，频率50Hz（电源电压440V±10%，频率60Hz，此种情况应与制造厂联系）。

⑦ 塔机安装后，塔身轴心线对支撑面的侧向垂直度误差小于4/1000。

⑧ 塔机基础的地耐力应符合设计要求。

⑨ 接地电阻不超过4Ω。

2）塔机安装工作顺序表（表1-3-2）

塔机安装工作顺序表 **表1-3-2**

序号	名称	序号	名称
1	台车	15	起升机构
2	铰接支座	16	测力环
3	底架	17	平衡重
4	压重	18	塔顶
5	过渡节	19	风速仪
6	标准节	20	障碍灯
7	套架	21	变幅机构
8	油缸、泵站	22	臂架
9	引进装置	23	小车
10	回转支承	24	附着框架
11	回转机构	25	内爬装置
12	司机室	26	
13	司塔节	27	
14	平衡臂	28	

三、塔式起重机的拆卸程序

拆卸塔机是一项危险性很强的作业，在拆塔前应做好充分的准备工作。

拆卸塔机平衡重、起重臂和平衡臂时应严格按照规定的程序进行，以防止当移开某一部件时塔机失去平衡，造成倾翻事故。

1. 拆塔前的准备

拆塔工作主要由辅助吊车来完成。拆塔时所用的工具、吊具和立塔时相同。清理好地面场地，使塔机部件拆落到地面时有足够的空间。当气象条件不好时，不要进行拆塔作业。放下台车夹轨钳，并将其固定在轨道上。

2. 拆塔作业

（1）拆卸起升钢丝绳

将载重小车开至起重臂前端，在距离钢丝绳楔套约 1m 的位置上用两个钢丝绳夹固定一直径 20mm、长度 300 mm 左右的销轴。

继续向前开动载重小车一段距离，使起升钢丝绳前端松弛。拆下钢丝绳楔套与钢丝绳转环连接的销轴，使楔套与转环头分离。向回开动载重小车，同时注意不断提升吊钩以防止吊钩触地。载重小车回到起重臂根部时下降吊钩，使吊钩落至地面。拆下钢丝绳上临时固定的销轴和楔套。开动起升机构，使钢丝绳收回到卷筒上。

（2）拆除平衡重

拆除平衡重锁紧拉杆（注意将力矩限制器先拆除，以免损坏）。拆下平衡臂后端平衡重锁杆上销轴，使其能打开并转向一侧。用辅助吊车摘下所有平衡重块。重新安装好平衡重锁杆。

（3）起重臂的拆卸

如果辅助吊车具有足够的起重能力，则可按照前面有关章节中的规定，用吊索将起重臂整个吊起来拆卸起重臂，其中包括三个步骤：拆掉平衡臂拉杆连接叉架；拆除拉杆；将起重臂降至地面。

1）将起升钢丝绳穿过塔顶滑轮、平衡臂上的定滑轮、连接叉架并固定在连接叉架上，并使起升绳绷紧。如图 1-3-1 所示。

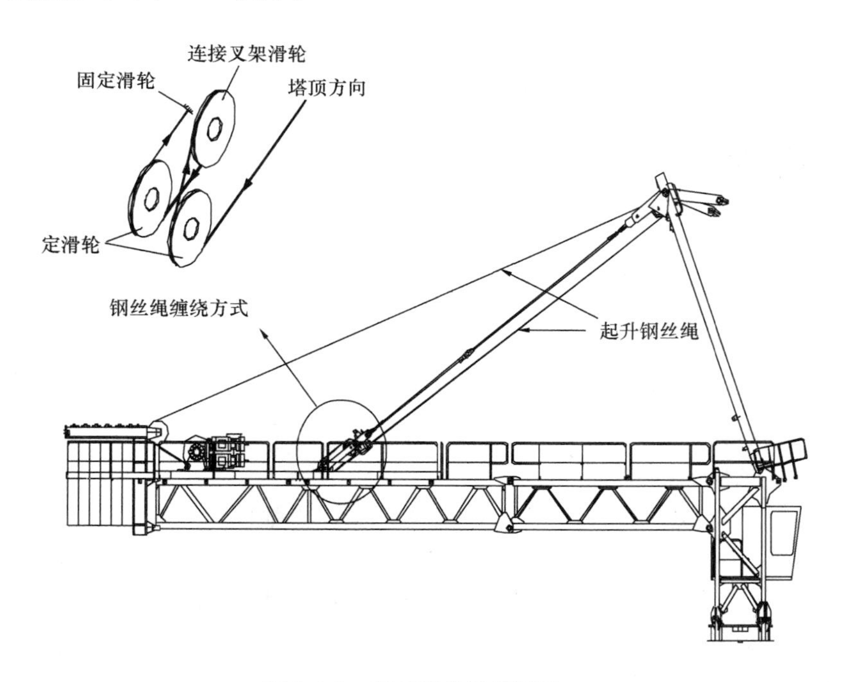

图 1-3-1　起重臂的拆卸图示一

2）用辅助吊车将 4 根 8mϕ22 的吊索吊在起重臂的平衡位置，稍微上仰，使平衡臂拉杆放松，然后拆掉连接叉架与平衡臂连接板的销轴。如图 1-3-2 所示。

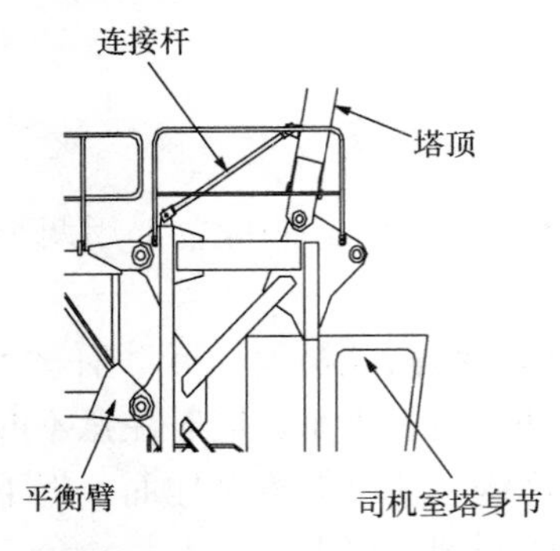

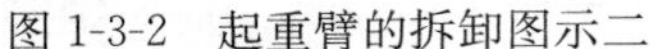
图 1-3-2 起重臂的拆卸图示二

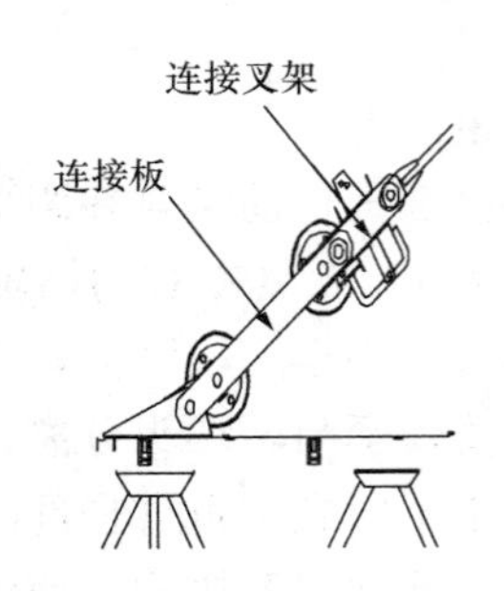

图 1-3-3 起重臂的拆卸图示三

3）起重吊车将臂端下放，同时起升机构慢慢放松起升绳使塔顶向前倾斜至合适位置，直至使连接杆能与塔顶连接为止。如图 1-3-3 所示。

注意：起重吊车与起升机构要配合作业，避免产生起重臂下降过多，使塔顶受力过大产生倾翻的情况。如图 1-3-4 所示。

用辅助吊车将起重臂向上抬起，拆掉起重臂拉杆与塔顶拉杆的连接，起重臂长拉杆与短拉杆仍与塔顶连接，将起重臂拉杆放入托架中。为安全起见，最好将起重臂拉杆缚于臂根处。将起重臂举成水平，卸掉臂根销轴，将起重臂从塔中抽出，用连在臂端的绳子导向，逐渐将起重臂放下（卸塔时的吊点位置与安装时相同）。

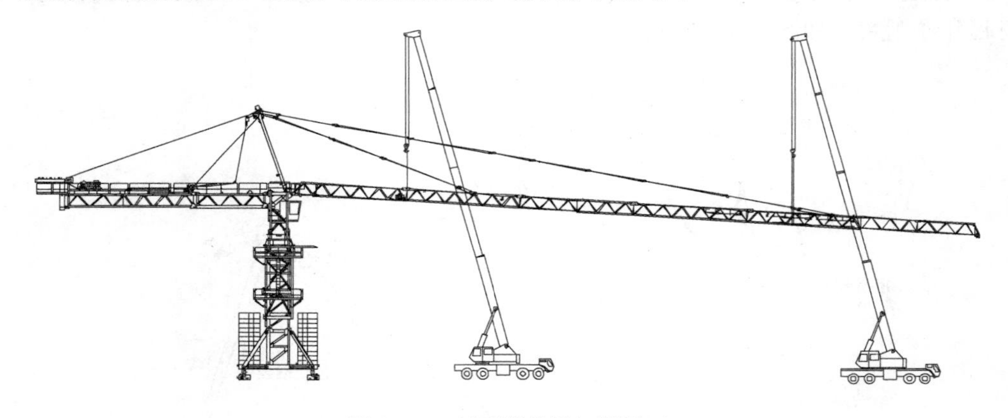

图 1-3-4 起重臂的拆卸图示四

（4）平衡臂的拆卸

1）拉杆和卷扬机的拆卸。

拆卸起升钢丝绳与连接叉架的连接，平衡臂拉杆松弛以后，5.77m 拉杆仍留在塔顶上，卸掉 3.8m 拉杆，但让其仍与连接叉架连在一起。用铁丝将连接叉架和拉杆捆在平衡臂根部。卸掉卷扬机机座上的销轴，用三根 4m 吊索将起升卷扬机吊起，该吊索由三个挂钩固定在卷扬机机座的吊环上，将卷扬机吊到地面上。如图 1-3-5 所示。

2）拆除起升钢丝绳与连接叉架的连接，必须在连接杆与塔顶连接之后。

用 3 根 8mϕ22 吊索按规定固定在平衡臂的挂点，待钢丝绳拉紧后卸掉连接平衡臂和司机室塔身节四个销子中的下面两个，此时起重吊车将平衡臂略微抬起，拆卸另外两个销子。

将平衡臂从司机室塔身节中抽出，将平衡臂放至地面。如图 1-3-6 所示。

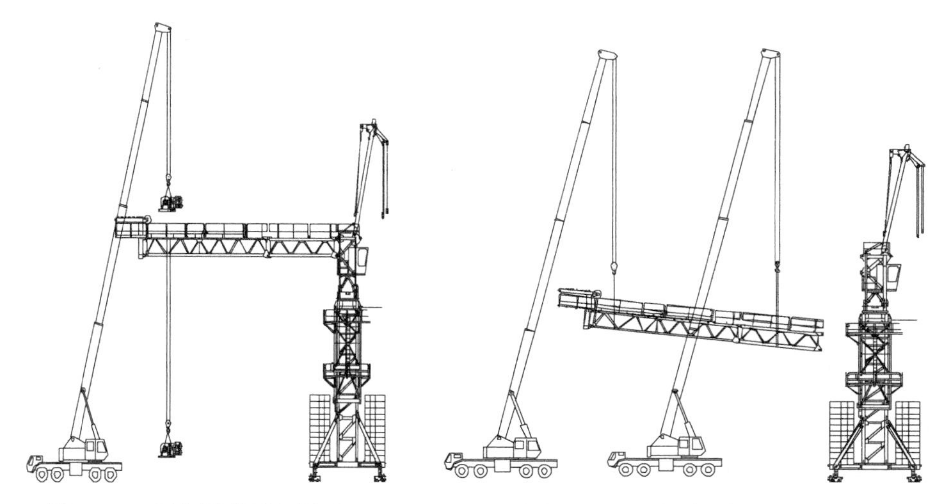

图 1-3-5　平衡臂的拆卸图示一　　图 1-3-6　平衡臂的拆卸图示二

（5）其他组件的拆卸

首先检查相邻的两个组件间是否有电缆连接，如果有的话先拆卸电缆连接，然后按下列顺序拆卸：

1）拆卸塔顶

用一根 4m 的吊索将塔顶吊住，卸掉塔顶与司机室塔身节的连杆。抽出塔顶的连接销轴，将塔顶拆开下放至地面。如图 1-3-7。

2）拆卸司机室塔身节

用 ϕ22 长 8m 的吊索将司机室塔身节吊住，将连接司机室塔身节和回转支承的销轴卸掉，将司机室塔身节下放至地面。

3）拆卸回转支承

拆掉套架与回转支承之间的连接销轴，并将套架上支承爬爪挂在塔身顶升踏步上；再用 8mϕ22 吊索挂住回转支承，拆掉回转支承与塔身过渡节的连接销轴，并将回转支承放至地面。如果现场条件允许的话，也可以只用一道工序将司机室塔身节和回转支承整体拆卸下来。

4）拆卸顶升套架及过渡节

用四个标准节销轴将两根 6m 长钢丝绳对折穿挂在过渡节四个角鱼尾板内。拆除过渡节与基础节连接的八个销轴。将过渡节与顶升套架一并吊起放置到地面上。如图 1-3-8 所示。

如果放置过渡节的地面是非硬化地面，要在过渡节下面垫上木板或木方。拆下顶升套架所有平台，并将它们摞放在一起。

5）拆卸底架

将所有中心压重块从纵梁上移开。分别拆除四根斜撑。拆除电缆卷筒（如果安装有电缆卷筒）。用四个标准节销轴将两根 6m 长钢丝绳对折穿挂在基础节四角鱼尾板内。拆除基础节与纵梁的连接螺栓。吊起基础

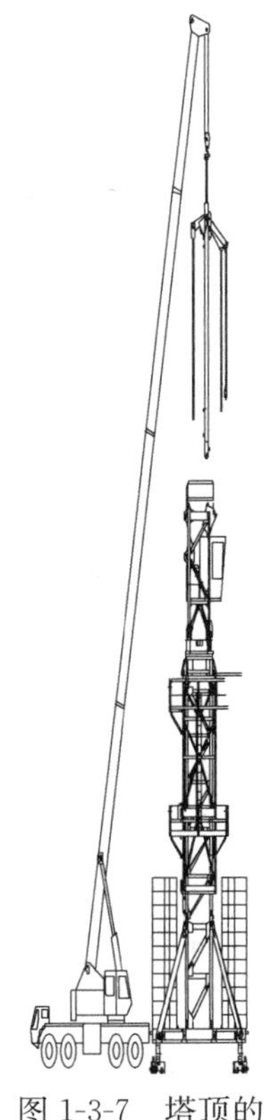

图 1-3-7　塔顶的拆卸

节放置到地面。拆除纵梁与横梁的连接螺栓，吊起纵梁放置到地面上。在台车电机下面垫上木方或其他支撑物。拆下台车竖轴上 M30 螺母图 1-3-9，将两根横梁吊起与台车分离。到此为止，塔机整机全部拆解完毕。

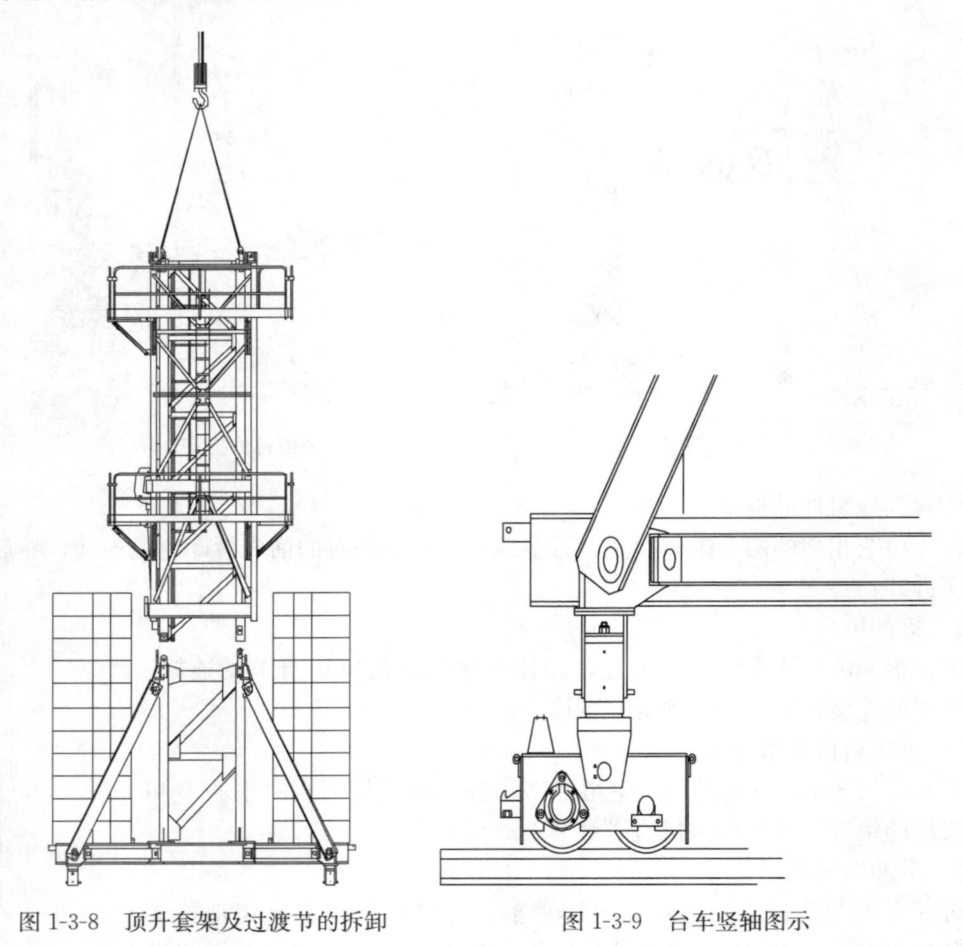

图 1-3-8 顶升套架及过渡节的拆卸　　图 1-3-9 台车竖轴图示

第四节 塔式起重机使用前的验收及办理使用登记

一、塔式起重机使用前的验收组织

塔式起重机安装完成后，由安装单位出具验收合格证明（表格），并呈送施工单位。设备供应方应及时向具有相应资质的检验检测机构提出检测申请；检测机构受理后，在现场对塔式起重机进行检验，合格后出具验收合格报告。设备供应方将报告呈送施工单位。施工单位依据上述资料，组织监理单位、使用单位、安装单位、设备供应方对塔式起重机进行联合验收。根据《建设工程安全生产管理条例》（国务院令 393 号）的规定，施工单位在使用施工起重机械和整体提升脚手架、模板等自升式架设设施前，应当组织有关单位进行验收，也可以委托具有相应资质的检验检测机构进行验收；使用承租的机械设备和施工机具及配件的，由施工总承包单位、分包单位、出租单位和安装单位共同进行验收。验收合格的方可使用。

二、塔式起重机使用前的验收程序

塔式起重机安装完成后，其验收程序如下：

1. 安装单位自检

安装单位安装完成后，应及时组织单位的技术人员、安全人员、安装组长对塔式起重机进行验收。验收内容包括：塔式起重机安装方案及交底、基础资料、金属结构、运转机构（起升、变幅、回转、行走）、安全装置、电气系统、绳轮钩部件。具体内容可依据表1-4-1或各地建设行政主管部门的要求。

塔式起重机安装自检表　　**表 1-4-1**

设备型号		设备编号		
设备生产厂		出厂日期		
工程名称		安装单位		
工程地址		安装日期		
资料检查项				
序号	检查项目	要　求	结果	备注
1	隐蔽工程验收单和混凝土强度报告	齐全		
2	安装方案、安全交底记录	齐全		
3	塔机转场保养作业单	齐全		
基础检查项				
序号	检查项目	实测数据	结果	备注
1	地基允许承载力（kN/m^2）	—	—	
2	基坑围护形式	—	—	
3	塔式起重机距基坑边距离（m）	—	—	
4	基础下是否有管线、障碍物或不良地质	—	—	
5	排水措施（有、无）	—	—	
6	基础位置、标高及平整度			
7	塔式起重机底架的水平度			
8	行走式塔式起重机导轨的水平度			
9	塔式起重机接地装置的设置	—	—	
10	其他	—	—	
机械检查项				

续表

<table>
<tr><th>名称</th><th>序号</th><th colspan="2">检查项目</th><th>要求</th><th>结果</th><th>备注</th></tr>
<tr><td rowspan="5">标识与环境</td><td>1</td><td colspan="2">登记编号牌和产品标牌</td><td>齐全</td><td></td><td></td></tr>
<tr><td rowspan="4">2</td><td colspan="2" rowspan="4">塔式起重机塔机与周围环境关系</td><td>尾部与建（构）筑物及施工设施之间的距离不小于0.6m</td><td></td><td></td></tr>
<tr><td>两台塔式起重机之间的最小架设距离应保证处于低位塔式起重机的起重臂端部与另一塔式起重机的塔身之间至少有2m的距离；处于高位塔式起重机的最低位置的部件与低位塔式起重机中处于最高位置部件之间的垂直距离不应小于2m</td><td></td><td></td></tr>
<tr><td>与输电线的距离应不小于《塔式起重机安全规程》(GB 5144)的规定</td><td></td><td></td></tr>
<tr style="display:none"></tr>
<tr><td rowspan="10">金属结构件</td><td>3</td><td colspan="2">主要结构件</td><td>无可见裂纹和明显变形</td><td></td><td></td></tr>
<tr><td>4</td><td colspan="2">主要连接螺栓</td><td>齐全，规格和预紧力达到使用说明书要求</td><td></td><td></td></tr>
<tr><td>5</td><td colspan="2">主要连接销轴</td><td>销轴符合出厂要求，连接可靠</td><td></td><td></td></tr>
<tr><td>6</td><td colspan="2">过道、平台、栏杆、踏板</td><td>符合《塔式起重机安全规程》(GB 5144)的规定</td><td></td><td></td></tr>
<tr><td>7</td><td colspan="2">梯子、护圈、休息平台</td><td>符合《塔式起重机安全规程》(GB 5144)的规定</td><td></td><td></td></tr>
<tr><td>8</td><td colspan="2">附着装置</td><td>设置位置和附着距离符合方案规定，结构形式正确，附墙与建筑物连接牢固</td><td></td><td></td></tr>
<tr><td>9</td><td colspan="2">附着杆</td><td>无明显变形，焊缝无裂纹</td><td></td><td></td></tr>
<tr><td>10</td><td rowspan="2">在空载、风速不大于3m/s状态下</td><td>独立状态塔身（或附着状态下最高附着点以上塔身）</td><td>塔身轴心线对支撑面的垂直度≤4/1000</td><td></td><td></td></tr>
<tr><td>11</td><td>附着状态下最高附着点以下塔身</td><td>塔身轴心线对支撑面的垂直度≤2/1000</td><td></td><td></td></tr>
<tr><td>12</td><td colspan="2">内爬式塔式起重机的爬升框与支承钢梁、支承钢梁与建筑结构之间的连接</td><td>连接可靠</td><td></td><td></td></tr>
</table>

续表

名称	序号	检查项目	要　求	结果	备注
爬升与回转	13*	平衡阀或液压锁与油缸间连接	应设平衡阀或液压锁，且与油缸用硬管连接		
	14	爬升装置防脱功能	自升式塔式起重机在正常加节、降节作业时，应具有可靠的防止爬升装置在塔身支承中或油缸端头从其连接结构中自行（非人为操作）脱出的功能		
	15	回转限位器	对回转处不设集电器供电的塔式起重机，应设置正反两个方向回转限位开关，开关动作时臂架旋转角度应不大于±540°		
起升系统	16*	起重力矩限制器	灵敏可靠，限制值<额定载荷110%，显示误差≤±5%		
	17*	起升高度限位	对动臂变幅和小车变幅的塔式起重机，当吊钩装置顶部升至起重臂下端的最小距离为800mm处时，应能立即停止起升运动		
	18	起重量限制器	灵敏可靠，限制值<额定载荷110%，显示误差≤±5%		
变幅系统	19	小车断绳保护装置	双向均应设置		
	20	小车断轴保护装置	应设置		
	21	小车变幅检修挂篮	连接可靠		
	22*	小车变幅限位和终端止挡装置	对小车变幅的塔机，应设置小车行程限位开关和终端缓冲装置。限位开关动作后应保证小车停车时其端部距缓冲装置最小距离为200mm		
	23*	动臂式变幅限位和防臂架后翻装置	动臂变幅有最大和最小幅度限位器，限制范围符合使用说明书要求；防止臂架反弹后翻的装置牢固可靠		
机构及零部件	24	吊钩	钩体无裂纹、磨损、补焊，危险截面，钩筋无塑性变形		
	25	吊钩防钢丝绳脱钩装置	应完整可靠		
	26	滑轮	滑轮应转动良好，出现下列情况应报废：1. 裂纹或轮缘破损；2. 滑轮绳槽壁厚磨损量达原壁厚的20%；3. 滑轮槽底的磨损量超过相应钢丝绳直径的25%		
	27	滑轮上的钢丝绳脱钩装置	应完整、可靠，该装置与滑轮最外缘的间隙不应超过钢丝绳直径的20%		
	28	卷筒	卷筒壁不应有裂纹，筒壁磨损量不应大于原壁厚的10%；多层缠绕的卷筒，端部应有比最外层钢丝绳高出2倍钢丝绳直径的凸缘		

续表

名称	序号	检查项目	要　求	结果	备注
机构及零部件	29	卷筒上的钢丝绳防脱装置	卷筒上钢丝绳应排列有序，设有防钢丝绳脱槽装置。该装置与卷筒嘴歪缘的间隙不应超过钢丝绳直径的20%		
	30	钢丝绳完好度	钢丝绳检查项		
	31	钢丝绳端部固定	符合使用说明书规定		
	32	钢丝绳穿绕方式、润滑与超干涉	穿绕正确，润滑良好，无干涉		
	33	制动器	起升、回转、变幅、行走机构都应配备制动器，制动器不应有裂纹、过度磨损、塑性变形、缺件等缺陷。调整适宜，制动平稳可靠		
	34	传动装置	固定牢固，运行平稳		
	35	有可能伤人的活动零部件外露部分	防护罩齐全		
电气及保护	36*	紧急断电开关	非自动复位，有效，且便于司机操作		
	37*	绝缘电阻	主电路和控制电路的对地绝缘电阻不应小于≥0.5MΩ		
	38	接地电阻	接地系统应便于复核检查，接地电阻≤4Ω		
	39	塔式起重机专用开关箱	单独设置并有警示标志		
	40	声响信号器	完好		
	41	保护零线	不得作为载流回路		
	42	电源电缆与电缆保护	无破损，老化。与金属接触处有绝缘材料隔离，移动电缆有电缆卷筒或其他防止磨损措施		
	43	障碍指示灯	塔顶高度大于30m且高于周围建筑物时应安装，该指示灯的供电不应受停机的影响		
轨道	44	行走轨道端部止挡装置与缓冲	应设置		
	45*	行走限位装置	制停后距止挡装置≥1m		
	46	防风夹轨器	应设置，有效		
	47	排障清轨板	清轨板与轨道之间的间隙不应大于5mm		
	48	钢轨接头位置及误差	支承在道木或路基箱上时，两侧错开≥1.5m；间隙≤4mm；高差≤2mm		
	49	轨距误差及轨距拉杆设置	<1/1000且最大应<6mm；相邻两根间距≤6m		

续表

名称	序号	检查项目	要　求	结果	备注
司机室	50	性能标牌（显示屏）	齐全、清晰		
	51	门窗和灭火器、雨刷等附属设施	齐全，有效		
	52*	可升降司机室或乘人升降机	按《施工升降机》（GB/T 10054）和《施工升降机安全规程》（GB 10055）检查		
其他	53	平衡重、压重	安装准确，牢固可靠		
	54	风速仪	臂架根部铰点高于50m时应设置		

钢丝绳检查项

序号	检查项目	报废标准	实测	结果	备注
1	钢丝绳磨损量	钢丝绳实测直径相对于公称直径减小7%或更多时			
2	常用规格钢丝绳规定长度内达到报废标准的断丝数	钢制滑轮上工作的圆股钢丝绳、抗扭钢丝绳中断丝根数的控制标准参照《起重机用钢丝绳检验和报废实用规范》（GB/T 5972）			
3	钢丝绳的变形	出现波浪形时，在钢丝绳长度不超过25d范围内，若波形幅度值达到4d/3或以上，则钢丝绳应报废			
		笼状畸变、绳股挤出或钢丝挤出变形严重的钢丝绳应报废			
		钢丝绳出现严重的扭结、压扁和弯折现象应报废 绳径局部严重增大或减小均应报废			
4	其他情况描述				
检查结果	保证项目不合格项数				
	资料				
检查人			检查日期	年　月　日	

注：1. 表中序号打*的为保证项目，其他为一般项目；

2. 表中打“—”的表示该处不必填写，而只需在相应“备注”中说明即可；

3. 对于不符合要求的项目应在备注栏具体说明，对于要求量化的参数应按固定量化在备注栏内；

4. 表中d表示钢丝绳公称直径；

5. 钢丝绳磨损量[（公称直径－实测直径）/公称直径]×100%。

（此表格摘自《建筑施工塔式起重机安装、使用、拆卸安全技术规程》（JGJ 196）中附录A）。

设备供应方提交资料：设备供应方在安装单位自检完成后，及时联系检测机构对塔式起重机进行检测，检测结果合格后，检测单位出具验收合格报告。收取验收报告后，设备供应方按照施工单位要求递送资料。资料包括：设备供应方营业执照、塔式起重机注册编号、生产厂家辅助资料（特种设备制造许可证、产品合格证）、操作人员特种作业证书、相关管理制度、安装告知和确认单、安装单位营业执照、资质证书、安全生产许可证、安拆合同及安拆安全协议、安装方案及交底、特种作业人员证书、安全事故应急预案、安装自检表格、检测机构检测报告等。

需要注意的是，检测单位完成检测后，出具的检测报告是整机合格，其中可能会有一些一般项目不合格；设备供应方应对不合格项目进行整改，并出具整改报告，最好采用图文的形式，以保证整改的真实性。

资料审核：施工单位对上述资料原件进行审核，审核通过后，留存加盖单位公章的复印件，并报监理单位审核。监理单位审核完成后，施工单位组织设备验收。

组织验收：施工单位组织设备供应方、安装单位、使用单位、监理单位对塔式起重机联合验收。实行施工总承包的，由施工总承包单位组织验收。

三、塔式起重机使用前的验收内容

塔式起重机使用前验收主要包括以下内容：塔式起重机工作环境、金属结构、基础、机构及零部件、电气系统、安全装置等项目，每个项目验收的具体内容，可参照表 1-4-2 或相关建设行政主管部门的要求。

塔式起重机安装验收记录表 **表 1-4-2**

<table>
<tr><td colspan="3">工程名称</td><td colspan="6"></td></tr>
<tr><td rowspan="2">塔式起重机</td><td>型号</td><td></td><td>设备编号</td><td></td><td>起升高度</td><td colspan="3">m</td></tr>
<tr><td>幅度</td><td>m</td><td>起重力矩</td><td>kN·m</td><td>最大起重量</td><td>t</td><td>塔高</td><td>m</td></tr>
<tr><td colspan="4">与建筑物水平附着距离</td><td>m</td><td>各道附着间距</td><td>m</td><td>附着道数</td><td></td></tr>
<tr><td>验收部位</td><td colspan="5">验 收 要 求</td><td colspan="3">结果</td></tr>
<tr><td rowspan="4">结构件</td><td colspan="5">部件、附件、连接件安装齐全，位置正确</td><td colspan="3"></td></tr>
<tr><td colspan="5">螺栓拧紧力矩达到技术要求，开口销完全撬开</td><td colspan="3"></td></tr>
<tr><td colspan="5">结构件无变形、开焊、疲劳裂纹</td><td colspan="3"></td></tr>
<tr><td colspan="5">压重、配重的重量与位置使用说明要求</td><td colspan="3"></td></tr>
<tr><td rowspan="8">基础与轨道</td><td colspan="5">地基坚实、平整，地基或基础隐蔽工程资料齐全、准确</td><td colspan="3"></td></tr>
<tr><td colspan="5">基础周围有排水措施</td><td colspan="3"></td></tr>
<tr><td colspan="5">路基箱或枕木铺设符合要求，夹板、道钉使用正确</td><td colspan="3"></td></tr>
<tr><td colspan="5">钢轨顶面总、横方向上的倾斜度不大于 1/1000</td><td colspan="3"></td></tr>
<tr><td colspan="5">塔式起重机底架平整度符合使用说明书要求</td><td colspan="3"></td></tr>
<tr><td colspan="5">止挡装置距钢轨两端距离≥1m</td><td colspan="3"></td></tr>
<tr><td colspan="5">行走限位装置距止挡装置距离≥1m</td><td colspan="3"></td></tr>
<tr><td colspan="5">轨接头间距不大于 4m，接头高低差不大于 2mm</td><td colspan="3"></td></tr>
<tr><td rowspan="8">机构及零部件</td><td colspan="5">钢丝绳在卷筒上面缠绕整齐、润滑好</td><td colspan="3"></td></tr>
<tr><td colspan="5">钢丝绳规格正确、断丝和磨损未达到报废标准</td><td colspan="3"></td></tr>
<tr><td colspan="5">钢丝绳固定和编插符合国家及行业标准</td><td colspan="3"></td></tr>
<tr><td colspan="5">各部位滑轮转动灵活、可靠，无卡塞现象</td><td colspan="3"></td></tr>
<tr><td colspan="5">吊钩磨损未达到报废标准、保险装置可靠</td><td colspan="3"></td></tr>
<tr><td colspan="5">各机构转动平稳、无异常响声</td><td colspan="3"></td></tr>
<tr><td colspan="5">各润滑点润滑良好，润滑油牌号正确</td><td colspan="3"></td></tr>
<tr><td colspan="5">制动器动作灵活可靠，联轴器连接良好，无异常</td><td colspan="3"></td></tr>
</table>

续表

验收部位	验　收　要　求	结果
附着锚固	锚固框架安装位置符合规定要求	
	塔身与锚固框架固定牢靠	
	附着框、锚杆、附着装置等各处螺栓、销轴齐全、正确、可靠	
	垫铁、锲块等零部件齐全可靠	
	最高附着点下塔身轴线对支承面垂直度不得大于相应高度的2/1000	
	独立状态或附着状态下最高附着点以上塔身轴线对支承面垂直度不得大于4/1000	
	附着点以上塔式起重机悬臂高度不得大于规定高度	
电气系统	供电系统电压稳定、正常工作、电压380V±10%	
	仪表、照明、报警系统完好、可靠	
	控制、操纵装置动作灵活、可靠	
	电气按要求设置短路和过流、失压及零位保护，切断总电源的紧急开关符合要求	
	电气系统对地的绝缘电阻不大于0.5MΩ	
安全装置	起重量限制器灵敏可靠，其综合误差不大于额定值的±5%	
	力矩限制器灵敏可靠，其综合误差不大于额定值的±5%	
	回转限位器灵敏可靠	
	行走限位器灵敏可靠	
	变幅限位器灵敏可靠	
	顶升横梁防脱装置完好可靠	
	吊钩上的钢丝绳防脱钩装置完好可靠	
	滑轮、卷筒上的钢丝绳防脱装置完好可靠	
	小车断绳保护装置灵敏可靠	
	小车断轴保护装置灵敏可靠	
环境	布设位置合理符合施工组织设计要求	
	与架空线最小距离符合规定	
	塔式起重机的尾部与周围建（构）筑物及其外围施工设施之间的安全距离不小于0.6m	
其他	对检测单位意见复查	

出租单位验收意见： 负责人（签字）：（盖章）年　月　日	安装单位验收意见： 负责人（签字）：（盖章）年　月　日
使用单位验收意见： 项目负责人（签字）：（盖章）年　月　日	监理单位验收意见： 总监理工程师（签字）：（盖章）年　月　日
施工承包单位验收意见： 项目负责人（签字）：（盖章）年　月　日	

注：此表格摘自《建筑施工塔式起重机安装、使用、拆卸安全技术规程》(JGJ 196)中附录B。

四、塔式起重机使用登记的办理

塔式起重机安装验收合格之日起30日内，施工单位应向工程所在地县级以上地方人民政府建设主管部门办理建筑起重机械使用登记。使用登记办理过程如下：

（1）施工单位登录当地建设行政主管部门网站，在网上填报塔式起重机使用登记表格或下载填写，填写完成后由施工单位、监理单位签字盖章，有些省市还需要安装单位和设备供应方签字盖章，然后按照当地建设行政主管部门要求，准备报送资料。

（2）因各地建设行政主管部门要求不大相同，因此报送的资料不尽相同。但一些基本资料是相同的，例如：设备供应方需提供营业执照、设备注册登记证、产品合格证、维修保养制度、特种作业操作证等；安装资料，包括安装单位营业执照、资质证书、安全生产许可证、安装人员特种作业操作证、安装（拆卸）方案及交底、安装自检表、安拆事故应急预案；施工单位的资料，包括租赁合同、与安装单位的安全协议、施工单位安全事故应急预案。这些资料按要求收集齐全，按照使用登记办理要求装订成册。

（3）施工单位携带使用登记表和资料，到当地建设行政主管部门办理使用登记。建设行政主管部门收到资料后，对资料进行审查；如果资料齐全、符合要求，一般在3～5个工作日，在使用登记表上签署意见，并将登记表返还给施工单位；施工单位收到登记表后，将登记标志置于或者附着于该设备的显著位置。如果审查没有通过，施工单位应按照要求补齐资料，重新申报。

（4）施工单位完成对塔式起重机验收后，联合设备供应方对进入现场的塔式起重机司机和信号指挥人员进行安全教育培训。培训内容除常规的操作规程、“十不吊”（即吊物斜拉斜吊不吊；吊物超过额定载荷超载不吊；散装物、装箱太满不吊；指挥信号不明、不清不吊；吊物边缘锋利无防护措施不吊；吊物下有人不吊；埋在地下的构件重量不明不吊；安全装置有故障不吊；光线阴暗看不清吊物不吊；六级风以上不准吊装作业）。现场安全规章外，应着重培训以下内容：

1）施工过程中吊装特点，现场环境的影响因素，施工进度计划及施工顺序。

2）司机与信号工协同，包括指挥用语为普通话、盲区吊装注意事项等。

3）塔式起重机安全使用说明，包括塔机维护保养、紧急情况下处置办法等。

第五节 塔式起重机的施工作业安全管理

一、塔式起重机各方主体应当履行的安全职责

（一）安装单位

（1）按照相关技术标准及建筑起重机械性能要求，编制建筑起重机械安装、拆卸工程专项施工方案，并由本单位技术负责人签字。

（2）按照相关技术标准及安装使用说明书等检查建筑起重机械及现场施工条件，并对现场安拆施工条件提出书面指导意见书。

（3）组织安全施工技术交底并签字确认。

（4）制定建筑起重机械安装、拆卸工程生产安全事故应急救援预案。

（5）将建筑起重机械安装、拆卸工程专项施工方案，安装、拆卸人员名单，以及安装、拆卸时间等材料，报施工总承包单位和监理单位审核后，告知工程所在地县级以上地

方人民政府建设主管部门。

（6）安装单位应当按照建筑起重机械安装、拆卸工程专项施工方案及安全操作规程，组织安装、拆卸作业。

（7）安装单位的专业技术人员、专职安全生产管理人员应当进行现场监督，技术负责人应当定期巡查。

（8）建筑起重机械安装完毕后，安装单位应当按照安全技术标准及安装使用说明书的有关要求对建筑起重机械进行自检、调试和试运转。自检合格的，应当出具自检合格证明，并向使用单位进行安全使用说明（这里的使用单位指产权单位）。

（9）建筑起重机械使用单位和安装单位应当在签订的建筑起重机械安装、拆卸合同中，明确双方的安全生产责任（这里的使用单位指产权单位，即出租单位）。

实行施工总承包的，施工总承包单位应当与安装单位签订建筑起重机械安装、拆卸工程安全协议书（出租单位、承租单位、安装单位三方应签订安全协议）。

（二）产权单位（出租单位）

（1）建筑起重机械在使用过程中需要附着、顶升的，使用单位（产权单位）应当委托原安装单位或者具有相应资质的安装单位按照（编制）专项施工方案实施。验收合格后，方可投入使用。

（2）出租单位、自购建筑起重机械的使用单位，应当建立建筑起重机械安全技术挡案。

（3）禁止擅自在建筑起重机械上，安装非原制造厂制造的标准节和附着装置。

（三）使用单位（承租单位）

（1）使用单位应当自建筑起重机械安装验收合格之日（经专业检测机构检测）起30日内，将建筑起重机械安装验收资料、建筑起重机械安全管理制度、特种作业人员名单等，向工程所在地县级以上地方人民政府建设主管部门办理建筑起重机械使用登记。登记标志置于或者附着于该设备的显著位置。

（2）根据不同施工阶段、周围环境以及季节、气候的变化，对建筑起重机械采取相应的安全防护措施。

（3）制定建筑起重机械生产安全事故应急救援预案。

（4）在建筑起重机械活动范围内设置明显的安全警示标志，对集中作业区做好安全防护。

（5）设置相应的设备管理机构或者配备专职的设备管理人员。

（6）指定专职设备管理人员、专职安全生产管理人员进行现场监督检查。

（7）建筑起重机械出现故障或者发生异常情况的，应立即停止使用；消除故障和事故隐患后，方可重新投入使用。

（8）使用单位应当对在用的建筑起重机械及其安全保护装置进行经常性和定期的检查、维护和保养，并做好记录。

（9）使用单位在建筑起重机械租期结束后，应当将定期检查、维护和保养记录移交出租单位。

（10）建筑起重机械租赁合同对建筑起重机械的检查、维护、保养另有约定的，从其约定。

（四）施行总承包单位

（1）向安装单位提供拟安装设备位置的基础施工资料，确保建筑起重机械进场安装、拆卸所需的施工条件。

（2）审核建筑起重机械的特种设备制造许可证、产品合格证、制造监督检验证明、备案证明等文件。

（3）审核安装单位、使用单位的资质证书、安全生产许可证和特种作业人员的特种作业操作资格证书。

（4）审核安装单位制定的建筑起重机械安装、拆卸工程专项施工方案和生产安全事故应急救援预案。

（5）审核使用单位制定的建筑起重机械生产安全事故应急救援预案。

（6）指定专职安全生产管理人员，监督检查建筑起重机械安装、拆卸、使用情况。

（7）施工现场有多台塔式起重机作业时，应当组织制定并实施防止塔式起重机相互碰撞的安全措施，制定群塔作业方案。

（五）监理单位

（1）审核建筑起重机械特种设备制造许可证、产品合格证、制造监督检验证明、备案证明等文件。

（2）审核建筑起重机械安装单位、使用单位的资质证书、安全生产许可证和特种作业人员的特种作业操作资格证书。

（3）审核建筑起重机械安装、拆卸工程专项施工方案。

（4）监督安装单位执行建筑起重机械安装、拆卸工程专项施工方案情况。

（5）监督检查建筑起重机械的使用情况。

（6）发现存在生产安全事故隐患的，应当要求安装单位、使用单位限期整改；对安装单位、使用单位拒不整改的，及时向建设单位报告。

（六）建设单位

（1）不同施工单位在同一施工现场使用多台塔式起重机作业时，建设单位应当协调组织制定防止塔式起重机相互碰撞的安全措施。

（2）安装单位、使用单位拒不整改生产安全事故隐患的，建设单位接到监理单位报告后，应当责令安装单位、使用单位立即停工整改。

（七）其他注意事项

塔式起重机从安装到使用应经过三次验收及检测：安装完毕后安装单位进行自检，并出具自检合格证明；产权单位（出租单位）委托具有相应资质的检验检测机构监督检验合格；承租单位组织出租、安装、监理等有关单位进行验收。

二、塔式起重机施工作业的不安全因素及安全防护措施

（一）人的行为影响因素

塔式起重机为施工现场的特种设备，其设备安全管理既要按照一般设备进行管理，又要有所区别。在人的行为安全方面，应注意以下方面：

1. 安装、拆卸过程

（1）拆装工：塔式起重机拆装工为特种作业人员，必须经建设主管部门考核合格，并取得特种作业操作资格证书后，方可上岗作业；安、拆作业前，必须经过安拆单位技术人员有针对性的书面安全技术交底（交底应包括塔机本身的安、拆注意事项及作业现场周边环境因素对安、拆作业的影响），并签字确认；安、拆作业前，必须经过施工单位（总承包单位）三级安全教育及入场教育；上塔作业人员应佩戴安全带、安全帽，穿戴防滑鞋。

（2）信号指挥工：信号指挥工是塔机安、拆过程中的重要指挥人员，其行为直接影响安拆过程的安全性。信号指挥工应做到如下要求：必须经建设主管部门考核合格并取得特种作业操作资格证书后，方可上岗作业；指挥过程中必须确保信号清晰，可采用哨子、旗语、手势、对讲机等方式传递正确信号；安、拆过程中所有的吊装动作，必须经过信号指挥工一个口径发出，严禁两个不同的指挥信号同时出现（安装作业中应统一指挥，明确指挥信号，当视线受阻、距离过远时应采用对讲机或多级指挥）；指挥操作过程中，需时刻注意辅助起重机械的安全状态。

（3）吊车司机：必须经建设主管部门考核合格并取得特种作业操作资格证书后，方可上岗作业；应熟知吊车的起重性能及安全状态；需接受安、拆单位技术人员有针对性的书面安全技术交底（交底应包括现场踏勘发现的周边环境因素对安、拆作业的影响）。

2. 使用过程

（1）塔吊司机：塔式起重机司机为特种作业人员，必须经建设主管部门考核合格并取得特种作业操作资格证书后，方可上岗作业；塔吊司机上岗作业前必须经过施工单位（总承包单位）三级安全教育及入场教育，并经过产权单位、分包单位、总承包单位三方对塔吊司机、信号工的联合交底；严禁塔吊司机私自拆除、破坏塔机的安全装置（如零位保护器、力矩限位器等）；塔吊司机交班作业时，应主动检查塔吊大臂、塔帽、后平衡臂的钢丝绳及销轴情况；上下塔吊时，塔吊司机应主动对防爬装置上锁，防止无关人员上塔；作业过程中应仅听从信号工的指挥，遵守“十不吊”的规定，有权拒绝违章指挥及冒险作业；按照要求填写运转记录及维修保养记录。

（2）信号工：信号工为特种作业人员，必须经建设主管部门考核合格并取得特种作业操作资格证书后，方可上岗作业；信号工上岗作业前必须经过施工单位（总承包单位）三级安全教育及入场教育，并经过产权单位、分包单位、总承包单位三方对信号工、塔吊司机的联合交底；作业过程中必须在吊装作业点可视范围内进行指挥；遵守“十不吊”的规定，有权拒绝违章指挥及冒险作业；在群塔作业时，起钩、转臂前应确定塔吊间相互位置，保证作业安全性。

（二）设备影响因素

针对安装、顶升、附着、拆卸过程中设备危险因素进行辨识：

1. 安装、拆卸过程

（1）辅助起重设备选用不合理，起重性能不能满足现场需要将严重影响安装、拆卸过程的安全性。吊车应具有专业检测机构出具的检测报告（一年有效）。

（2）选择辅助起重安拆设备，应考虑安拆距离、安拆高度、安拆设备的自身重量及安拆设备的不确定载荷（尤其拆卸过程中孔、轴间摩擦所产生的影响，如标准节采用销轴连接与螺栓连接两种方式所产生的附加载荷有较大不同）。

（3）应确保吊车支设点地基基础的安全性及吊车支腿有效、可靠完全伸出。

(4) 安装、拆卸过程中塔吊吊点不正确，尤其是拆卸过程中吊点不正确，极易发生安全事故。(安装前需试吊，确定吊点，安装完毕后应对吊点进行标记，便于拆卸时使用)。

(5) 拆卸前往往需要降节，降节过程顶升油缸需保证安全性能。油缸的压力表、油管的油封、液压油是否存积时间过长等均需检查。另外，降节前应确保零位保护的完好性，谨防司机误操作。

(6) 安装、拆卸前查好天气情况，确保作业过程中风力在四级以下。

(7) 降节时，引进小车所用固定标准节的螺栓必须规范。

2. 顶升、附着过程

(1) 锚固点的受力情况，包括穿墙螺栓的紧固、抱箍螺栓的紧固、预埋钢板的可靠性。

(2) 工程结构上附着位置安装的便捷性。有些部位安装附着杆件必须搭设可靠的操作平台，以方便拆装人员安拆附着杆件。

(3) 附着杆件的安全性。严禁私自改装、改造附着杆件，尤其是多次使用后又多次拼装、搭焊的附着杆件。

(4) 顶升过程中的配平。

(5) 顶升前应确保零位保护、回转制动、大钩保险的完好性，谨防司机误操作。

(6) 顶升前油缸需保证安全性能。油泵的压力表、油管的油封、液压油是否存积时间过长变质等均需检查。

(7) 顶升过程中，不应进行起升、回转、变幅等操作；顶升结束后，应将标准节与回转下支座可靠连接［《建筑施工塔式起重机安装、使用、拆卸安全技术规程》(JGJ 196—2010) 中第 3.4.6 条］。

(三) 环境影响因素

1. 风力、雨雪天气影响

按照相关规范要求，在风力达到四级及以上时，应停止塔式起重机安装、顶升、降节、拆卸工作；在风力达到六级及以上时，应停止塔式起重机吊装运转作业。在大雪、大雨等恶劣天气，应停止塔式起重机任何安拆作业及施工作业。风力等级与风速对照表见表 1-5-1。

风力等级与风速对照表 **表 1-5-1**

风力（级）	1	2	3	4	5	6
风速范围（m/s）	0.3～1.5	1.6～3.3	3.4～5.4	5.5～7.9	8.0～10.7	10.8～13.8
风力（级）	7	8	9	10	11	12
风速范围（m/s）	13.9～17.1	17.2～20.7	20.8～24.4	24.5～28.4	28.5～32.6	32.7 以上

2. 输电线

施工现场周边的架空线路，对塔吊的布设、使用有重要影响。按照《施工现场机械设备检查技术规程》(JGJ 160—2008) 第 6.1.3 条，塔式起重机与高压线间的关系应满足表 1-5-2 规定。

起重机械与架空输电线间关系　　　　**表 1-5-2**

安全距离	电压（kV）				
	＜1	1～15	20～40	60～110	＞220
沿垂直方向（m）	1.5	3.0	4.0	5.0	6.0
沿水平方向（m）	1.0	1.5	2.0	4.0	6.0

3. 地耐力

每台塔式起重机的出厂说明书中均明确了立塔的地耐力要求，且根据不同的地耐力条件，综合考虑基础大小。对于部分在出厂说明书中只提供了一种基础图的塔型，现场地耐力不能满足要求时，施工单位必须采取换填、打桩等措施保证安装条件。

（四）安全防护（控制、管理）措施

1. 设置专职管理人员

起重设备入场前考察、群塔布设、安拆过程管理、使用过程协调管理等，均是机械管理的重点。任何一个环节均有较大的危险性或对后续安全使用有较大的影响。因此，施工现场设置专职管理人员非常有必要。

2. 安、拆过程中控制重点

预埋节安装完毕后，保证水平度在 2mm 内；辅助起重设备起重性能选择合理，吊车支设点地基基础安全可靠；应远离基坑边沿、井口、洞口、高压线、民房；塔吊各部位吊点选择正确。

3. 使用过程中控制重点

吊绳、主卷扬钢丝绳应是巡查、日检查的重点，钢丝绳在达到图 1-5-1 情况下，应做

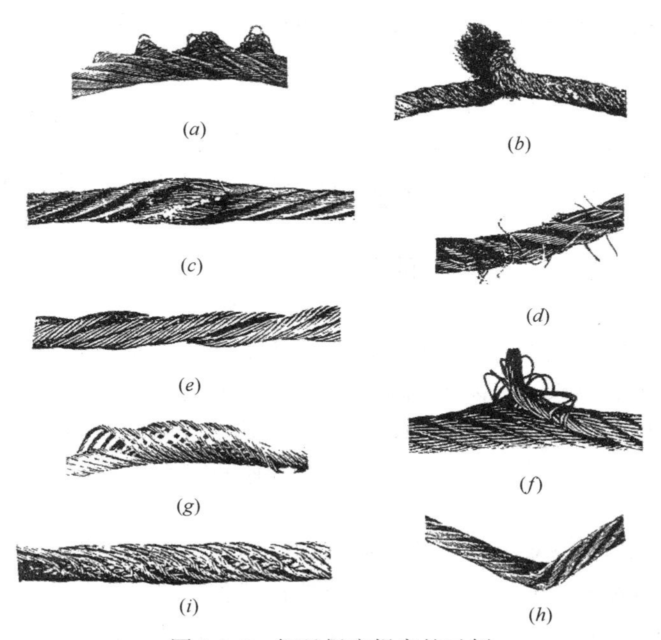

图 1-5-1　钢丝绳应报废的示例

(*a*) 波浪圈式变形；(*b*) 绳节式变形；(*c*) 压扁式变形；(*d*) 钢丝外飞；(*e*) 抽缩式变形；(*f*) 断股；(*g*) 笼状变形；(*h*) 严重弯折；(*i*) 多股绳的部分被压扁变形

报废处理；垂直度观测数据，通过按月的垂直度观测，推论塔吊基础变化，一旦发现突然变化数值应考虑塔吊基础存在问题；防脱槽、防脱钩装置检查；应掌握施工现场大型构件、吊物的基本重量，基本了解各塔在不同幅度位置的起吊重量；信号工应至吊装作业点指挥吊装作业；群塔作业在群塔布置时，严禁出现低塔大臂碰撞高塔塔身、仅依靠限位或塔吊司机操作保证安全的布置方案。

三、塔式起重机安全操作要求

（一）事故应急预案及作业区的安全防护

1. 事故应急预案

应急预案应包括但不限于以下内容：

（1）编制目的、编制依据、适用范围及工作原则（如统一领导、分级管理、整合资源、信息共享等原则）。

（2）应急组织机构与职责。

（3）预防预警机制：1）信息监测；2）预警行动；3）预警级别发布。

（4）应急响应：1）应急响应级别；2）应急响应行动；3）信息报送与处理；4）指挥和协调；5）应急处置；6）信息发布；7）应急结束。

（5）善后处理。

（6）应急保障：1）人力资源保障；2）财力保障；3）交通运输保障；4）技术装备保障。

2. 作业区的安全防护

（1）在安装、拆卸作业期间，应设立警戒区。（JGJ 196 中第 2.0.15 条）

（2）由于上方施工可能坠落物件或处于起重机起重臂回转范围之内的通道，在其受影响的范围内，必须搭设顶部能防止穿透的双层防护廊［《建筑施工高处作业安全技术规范》（JGJ 80—1991）中第 5.2.5 条］

（3）起重机作业应设专职信号指挥和司索人员，一人不得同时兼顾信号指挥和司索作业［《建筑施工安全检查标准》（JGJ 59—2011）中第 3.18.3 条］。

（4）起重机作业时，任何人不应停留在起重臂下方，被吊物不应从人的正上方通过（JGJ 59 中第 3.18.4 条）。

（二）塔吊司机、信号工、司索工的安全操作

1. 塔吊司机

（1）塔吊司机必须经过专门安全技术培训，考试合格持证上岗。严禁酒后作业。作业前必须检查作业环境、吊索具、防护用品；吊装区域无闲散人员；障碍已排除；吊索具无缺陷，捆绑正确牢固，被吊物与其他物件无连接；确认安全后，方可作业。大雨、大雪、大雾及风力六级以上（含六级）等恶劣天气，必须停止露天起重吊装作业。严禁在带电的高压线下或一侧作业。

（2）塔吊司机不得在作业时间段在驾驶室内听广播、看小说等与工作无关的内容。

（3）不得为减少操作流程而自行拆除安全保护装置。

（4）作业完毕后应松开制动器，各部位应置于非工作状态，控制开关应置于零位，并应切断总电源。

（5）塔吊司机应听从信号工的指挥，有权拒绝违章指挥及违章操作。

2. 信号工

(1) 掌握起重机最大起重量和各种高度、幅度时的起重量，熟知吊装、起重有关知识；严格执行“十不吊”原则，即吊物斜拉斜吊不吊；吊物超过额定载荷超载不吊；散装物、装箱太满不吊；指挥信号不明、不清不吊；吊物边缘锋利无防护措施不吊；吊物下有人不吊；埋在地下的构件重量不明不吊；安全装置有故障不吊；光线阴暗看不清吊物不吊；六级风以上不准吊装作业。

(2) 应负责检查塔吊吊钩以下的钢丝绳（主、副绳）和被吊运物料的绑扎。

(3) 钢丝绳（主、副绳）在不用的情况下需将其摘除，禁止缠绕在大钩上。

(4) 群塔作业时，信号指挥应遵循后塔让先塔、慢塔让快塔、轻塔让重塔的原则。

3. 挂钩工（普工）

(1) 短小料必须采用吊斗吊运，吊斗吊耳必须采用圆钢，严禁使用螺纹钢。

(2) 物料落放后必须垫木方，以免硬抽拽对钢丝绳有伤害。

(3) 解钩后，必须将卡环摘除后方可起钩。

(三) 物料吊运过程中的安全注意事项

(1) 盲区吊运、群塔作业，塔吊司机必须听从信号指挥人员的指挥。

(2) 零散物料必须使用容器吊运。

(3) 吊运物料时，必须使物料超过障碍物 1.5m 以上时才可以转臂。

(4) 吊运过程中必须逐挡操作，禁止跳挡操作，严禁猛起猛落。

(5) 起钩时，严禁使用上限位装置制动，谨防冲顶事故。

(6) 群塔作业时 做变幅及回转动作，塔吊司机及信号工必须观察塔吊间相互位置，谨防碰撞事故。

四、塔式起重机施工作业现场的检查

应当指出，任何在安装后进行的检查工作都会存在由于安全因素造成无法进行的情况。因此，应当在安装前对被安装设备进行全面检查。各种检查都应该留有相应的检查记录并由检查人员签字确认。

根据塔式起重机在运行过程中的受力特点，应按由下至上，由臂根向臂尖的顺序进行。检查的重点在安全装置的可靠性、易损件的使用状况和主要钢结构的连接情况。检查的周期应遵循塔式起重机使用说明书中的相关规定，对于主要受力构件中经常拆卸的连接位置应检查连接的可靠性。

根据《塔式起重机》(GB/T 5031—2006) 中第 6.2 条“性能试验”的要求，可以对设备进行空载、额定载荷试验，也可以进行 110%额定载荷动载试验，但不应进行 125%额定载荷静载试验。

表 1-5-3 中的内容是在日常检查中应该涉及的，可作参考。

塔式起重机日常检查内容 **表 1-5-3**

序号	内　　容
1	压重重量（数量）与说明书相符
2	压重固定可靠，无移位
3	基础无积水及异常变动

续表

序号	内容	
4	底架、塔身撑杆固定可靠无松动	
5	行走底架主梁结构无塑性变形	
6	行走底架焊缝无裂纹	
7	基础节、加强节与标准节按说明书要求安装	
8	塔身悬臂高或独立高度未超出使用说明书（或特殊设计基础限制）规定	
9	侧向垂直度≤4/1000，附着以下≤2/1000	
10	配重配置与臂长组合相符，固定可靠	
11	起重臂、平衡臂拉杆组合与臂长组合符合说明书要求	
12	连接销轴已锁定、采用开口销定位时，开口销已按规定张开	
13	连接螺栓已按说明书要求拧紧、锁定无松动	
14	塔身	主弦杆无塑性变形
15		连接接头部位弦杆无裂纹
16		封闭管材组焊标准节，检查腹杆节点及踏步部位弦杆无裂纹
17		标准节连接接头销轴孔横断面无变形
18		标准节连接接头连接孔无明显的变形
19		标准节腹杆无塑性变形焊缝无脱焊
20		目测连接接头焊趾部位焊缝无裂纹
21		目测查验腹杆端头及踏步部位焊缝无裂纹
22		起重臂停在爬升时方向，检查塔身是否存在影响降塔、爬升的扭转变形
23	附着	距离和间距符合说明书或特殊设计文件规定
24		结构无变动、连接紧固无松动
25	爬升系统	油缸安装座、换步卡板座等主要部位焊缝无裂纹
26		导轮（导向块）与塔身间隙、嵌合量及标准节接口阶差状况，保证爬升状态导向无脱离趋势
27		回转下支座与塔身按规定连接、紧固与锁定
28	回转支承	回转支承连接螺栓无松动
29		开式齿轮磨损在允许范围内
30		上、下支座各筋板焊缝无裂纹
31		塔身连接座、回转塔身（塔顶）连接座各焊缝无裂纹
32		螺栓孔附近上、下支座板无塑性变形
33	回转塔身	回转塔身、塔顶（A字架）主弦无塑性变形或开裂，腹杆无塑性变形、焊缝无裂纹
34		连接耳板焊缝的焊趾部位无裂纹
35		连接接头销轴孔无明显变形

续表

序号	内容		
36	起重臂	主弦杆无塑性变形	
37		腹杆无塑性变形、焊缝无脱焊	
38		连接销轴轴端定位板焊缝无裂纹	
39		臂架小车轨道踏面磨损不超出相应弦杆壁厚的20%	
40		接头轴孔横断面无颈缩变形	
41		连接接头销轴孔无明显变形	
42		拉杆接头轴孔横断面无颈缩变形	
43	平衡臂	主弦杆无塑性变形	
44		腹杆无塑性变形、焊缝无脱焊	
45		接头轴孔横断面无颈缩变形	
46		连接耳板焊缝的焊趾部位焊缝无裂纹	
47		拉杆接头轴孔横断面无颈缩变形	
48	机构	机构装配完整无缺损，紧固无松动	
49		箱体及卷筒支座无裂纹	
50		各传动机构及运动部位润滑良好	
51		制动部件完整，未达到报废条件	
52		空运转无异常噪音、制动动作可靠	
53		箱体、液压马达、泵、油路无滴漏	
54		运行机构支承轮失效保护装置无变动	
55		抗风防滑装置无缺损、可见裂纹	
56	吊钩	未达到GB 5144规定的报废条件	
57		吊钩螺母固定无变化	
58		防脱钩装置完整有效	
59	小车	承载结构无塑性变形	
60		钢丝绳防脱槽装置、小车防断绳保护装置、防坠落保护装置完好	
61		对无侧轮偏心牵引小车、应按GB/T 5031规定验证防坠落保护装置的有效性	
62	钢丝绳	起升、变幅钢丝绳已按规定保养，未达到报废规定	
63		钢丝绳穿绕正确，绳端固定符合要求	
64		吊钩最低位时安全圈数符合规定	
65	滑轮	钢丝绳防脱槽装置完好且符合规定	
66		轮缘无破损	
67		绳槽磨损未达到GB 5144的规定	
68	车轮	车轮未达到GB 5144的报废规定	
69	电控系统	电缆	电缆固定、防护可靠，无老化与破损
70		连接	电缆接头紧固无松动
71		器件	电器器件上无影响性能的积尘
72		绝缘	测量线间绝缘电阻符合GB/T 5031的规定

续表

序号	内容		
73	安全装置	起重量限制器	应符合 GB 5144 中 6.1 条的规定
74		起重力矩限制器	应符合 GB 5144 中 6.2 条规定
75		起升高度限位器	应符合 GB 5144 中 6.3.3 条规定
76		幅度限位装置	应符合 GB 5144 中 6.3.2 条规定
77		回转限制器	应符合 GB 5144 中 6.3.4 条规定
78		行走限位装置	应符合 GB 5144 中 6.3.1 条规定
79		避雷保护	用接地电阻仪测量塔机接地电阻，阻值应符合 GB/T 5031 的规定
80		急停保护	灵敏有效
81		超速保护	完好并输出正常
82		防臂架后翻装置	防止臂架向后倾翻的装置零部件完整、位置无变动
83		缓冲器及端部止挡	缓冲器及端部止挡零部件完整、位置设置符合 GB/T 5031 的规定
84	安全监控管理系统		数设置与塔机配置相符，载荷试验综合精度符合 GB/T 28264 要求
85	通道与走台		塔机各安全通道、走台、工作平台已按说明书要求装设、固定可靠
86	标志与标牌		塔机标志与标牌未丢失，设置符合 GB/T 5031 的规定

第二章　施工升降机

第一节　概　　述

一、施工升降机的发展概况

（一）施工升降机的定义

施工升降机是平台、吊笼或其他载人、载物装置沿刚性导轨可上下运行的施工机械。它可以非常方便地自行安装和拆卸，并可随着建筑物的增高而增高。

（二）施工升降机的发展概况

施工升降机主要用于高层和超高层的各类建筑施工中。因为，这样的建筑高度对于使用井字架、龙门架来完成施工作业是十分困难和危险的。自从1973年由北京第一建筑工程公司研制成功了第一台国产齿轮齿条式施工升降机以来，历经40多年的发展，国产施工升降机在性能质量、功能用途、结构形式、安全装置等多个方面都有了很大的变化和发展。

1998年，由广州市京龙工程机械有限公司研制成功了第一台变频高速施工升降机，最高速度96m/min，应用于200m高的深圳邮电大厦，标志着我国施工升降机的性能质量已经达到世界领先水平。近些年来，随着超高层建筑的不断增加，如337m高的天津津塔、357m高的重庆万豪中心、360m高的广晟国际大厦、380m高的俄罗斯联邦大厦、428m高的武汉中心、432m高的广州西塔、39m高的深圳京基大厦、539m高的广州东塔、597m高的天津117大厦、610m高的广州塔、660m高的平安大厦、828m高的迪拜大厦等，架设高度大于150m、提升速度大于36m/min的施工升降机的需求量也在不断增加。

施工升降机的功能用途也在不断扩展，除应用在高层建筑的人货运输，还应用在其他很多领域。例如，倾斜式施工升降机应用于在润扬长江大桥等构筑物的施工，解决了倾斜式构筑物的施工难题；曲线施工升降机应用在蒲圻发电厂等建筑物的施工，解决了曲线式建筑物（如冷却塔、烟囱、铁塔等）的施工难题；双柱大吨位大容积的升降机应用于上海印钞厂等建筑；小升降机应用于塔机的司机运输；施工升降平台应用于建筑物外墙装修；货用升降机应用于货物运输量很大的环境；防爆升降机应用于化工厂等易燃易爆环境。

随着建筑施工技术的发展，施工升降机的结构形式也在不断进步，并应用了多种新工艺、新材料、新结构。例如，为了满足不同载重量及货物的不同尺寸，研制了多种传动机构，多种尺寸规格的吊笼及标准节；为了满足各种建筑物的附着要求，研制了多种尺寸规格及附墙方式的附墙架；为了满足楼层与司机的联系，设置了楼层呼叫系统；为了便于司机操作，设置了自动平层装置；为了便于结构润滑，设置了自动加油装置等。

施工升降机的安全装置也在不断进步和完善。为了满足升降机的不同载重量和不同运行速度的要求，研制了多种额定载荷和额定动作速度的防坠安全器；为了满足安装及拆卸导轨架时的防冲顶要求，研制了防冲顶的电气和机械结构；为了防止超载，设置了超载保护装置；为了防止电气误动作，设置了零位保护和错断相保护等。

近年来，国产施工升降机得到了迅速发展和市场的认可，是与国产施工升降机所具有先进技术性能、过硬产品质量、明显价格优势以及现代设计理论的发展等诸多因素分不开的。

二、施工升降机的常见种类及基本构造原理

（一）常见种类

1. 施工升降机的多种分类方式。按其传动型式：分为齿轮齿条式（C）、钢丝绳式（S）、混合式三种（H）。按导轨架型式：分为垂直式、倾斜式（Q）、曲线式（Q）三种。按导轨架数量：分为单导轨架式、双导轨架式（E）、多导轨架式（E）三种。按导轨架截面形状：分为三角形导轨架式（T）、矩形导轨架式、单片导轨架式三种。按吊笼的数量：分为单笼式、双笼式两种。按吊笼是否在导轨架内：分为内包式（B）、不包式两种。按吊笼载荷种类：分为人货两用式、货用式两种。按工作机构的形状：分为吊笼式、平台式两种。按吊笼结构特点：分为吊笼整体式、吊笼片式、吊笼组合式三种。按是否带对重：分为带对重式（D）、不带对重式两种。按提升速度：分为低速式、中速式、高速式三种。按是否带变频调速：分为普通式、变频式两种。按使用环境：分为外用式、井道用式、地下工程用式三种。按是否有防爆要求：分为非防爆式、防爆式两种。

2. 型号编制方法

施工升降机型号由组、型、特性、主参数和变型更新代号组成。

型号说明如下：

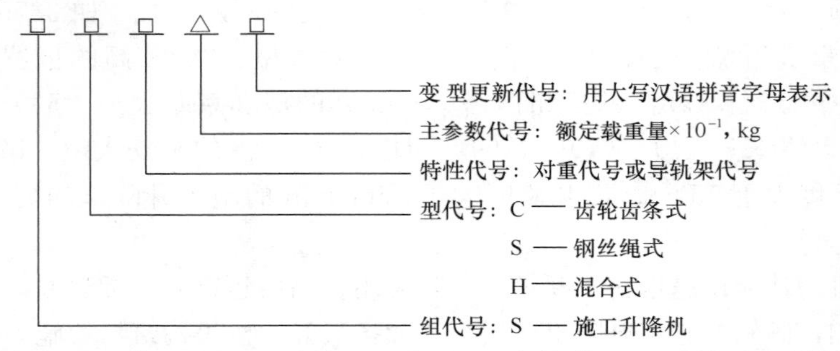

（1）主参数代号：单吊笼施工升降机只标注一个数值，双吊笼施工升降机标注两个数值，用符号“/”分开，每个数值均为一个吊笼的额定载重量代号。对于SH型施工升降机，前者为齿轮齿条传动吊笼的额定载重量代号，后者为钢丝绳提升吊笼的额定载重量代号。

（2）特性代号：表示施工升降机两个主要特性的符号。对重代号：有对重时标注D，无对重时省略。导轨架代号：三角形截面标注T，矩形或片式截面省略；倾斜式或曲线式导轨架则不论何种截面均标注Q；导轨架为双柱时标注E，单柱导轨架内包吊笼时标注B，不包容时不标。

（3）标记示例：1）齿轮齿条式施工升降机，双吊笼有对重，一个吊笼的额定载重量为2000kg，另一个吊笼的额定载重量为2500kg，导轨架截面为矩形，表示为：施工升降机SCD200/250。2）钢丝绳式施工升降机，单柱导轨架横截面为矩形，导轨架内包容1

个吊笼，额定载重量为3200kg，第一次变型更新，表示为：施工升降机SSB320A。

（二）基本构造及原理

施工升降机通常包含：吊笼、外笼、标准节、附墙架、传动机构、吊杆、天轮及对重装置、电缆导向装置、电控系统、超载保护器、楼层呼叫系统、自动平层系统、安全层门装置。

1. 吊笼

吊笼为一种钢结构，由安装在吊笼上的滚轮沿导轨架作上下运行。吊笼上设置有进、出口门（即通常的单、双开吊笼门），可通过调整下门轮的位置，以确保门与两轨道之间的间隙一致。

吊笼上设有安全钩（机械装置）和防冲顶装置（电气装置及机械装置），防止吊笼从导轨架脱离。

进行安装、拆卸时，吊笼顶部可以作为工作平台，顶部四周都有安全防护围栏。顶部设有天窗，通过配备的专用梯子，可以方便地攀登到吊笼顶上进行安装和维修。

吊笼内有防坠安全器，也叫限速器，主要由外壳、制动锥鼓、离心块、弹簧和行程开关等组成。

当吊笼超速运行时，限速器内的离心块克服弹簧拉力带动制动锥鼓旋转，与其相连的螺杆同时旋进，制动锥鼓与外壳接触逐渐增加摩擦力，确保吊笼平缓制动。

根据吊笼载荷和运行速度的要求，施工升降机的限速器采用单齿或三齿限速器。三齿限速器的制动原理同单齿限速器完全一样，但具有相对较大的制动力矩。如图2-1-1、图2-1-2。

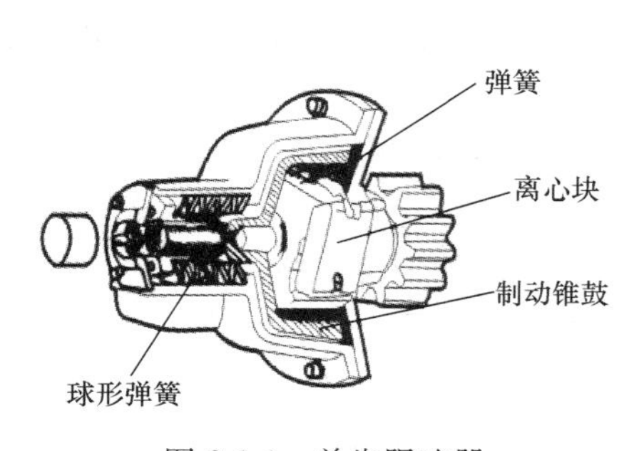

图2-1-1 单齿限速器

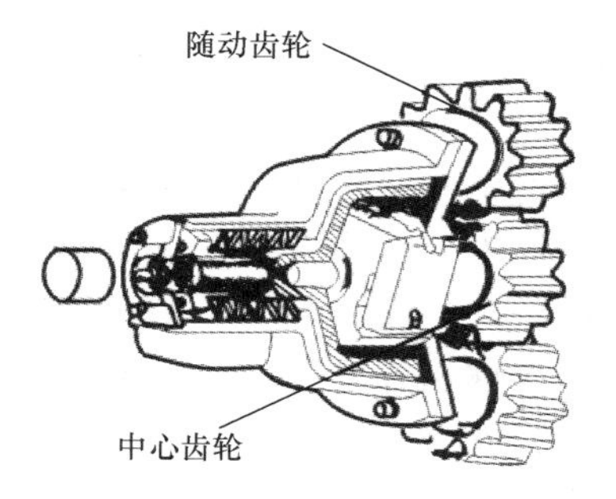

图2-1-2 三齿限速器

2. 外笼

外笼由固定标准节的底盘、安全围栏、电源柜、外笼门和检修门等组成。单笼升降机的外笼可通过增加一些配件（如围栏、外笼门、缓冲弹簧及其安装座等）组合为双笼升降机的外笼。

外笼门由机械和电气锁定，除非吊笼下行至底层的外笼位置，否则外笼门不能打开。如外笼门未关，吊笼将不能启动运行。

3. 标准节

每个标准节高1508mm，截面主立管中心距一般为650mm×650mm，齿条模数一般为8mm。

单笼升降机的标准节只有一根齿条，通过增加一根齿条可以变为双笼升降机的标准节。

标准节之间用M24螺栓相连组成导轨架，通过底盘与预埋基础座连接、附墙架与建筑物固定，作为吊笼上下运行的导轨。

4. 附墙架（图 2-1-3）

附墙架可在一定范围内调节某些尺寸，来满足不同附墙距离的要求。沿导轨架高度，一般每隔 3～10.5m 安装一道附墙架。

5. 传动机构

由电动机、电磁制动器、弹性联轴器、减速机、传动齿轮和传动小车架等组成，传动机构与吊笼弹性连接，通过传动齿轮与导轨架上的齿条啮合，带动吊笼上下运行。

传动机构若配有变频调速系统，提高了启制动的平稳性。

6. 吊杆

吊杆安装在吊笼顶上，在装、拆导轨架时用来起吊标准节或附墙架等零部件。

吊杆可分为电动吊杆（配电动卷扬机）和手动吊杆。吊杆的额定载重量通常为 200kg 或 300kg。

吊杆只能在用吊杆安装及拆卸作业时才能装在吊笼上，升降机正常工作时，吊杆不能装在笼顶。

7. 天轮及对重装置

天轮和对重装置仅为带对重升降机使用。

对重主要用于不改变升降机的载重量下减少电能消耗。对重由钢丝绳通过导轨架顶部的天轮悬挂于吊笼顶部。

天轮为一动滑轮，天轮可分为挂式天轮和坐式天轮。

升降机的进出通道不允许设在对重下方。连接对重的钢丝绳为两根且相互独立。

8. 电缆导向装置

用于使接入吊笼内的供电电缆线在随吊笼上下运行时能保持在同一垂直线，不偏离固定通道，确保对吊笼正常供电。

电缆导向装置可选用电缆小车、电缆滑车、电缆筒或滑触线。

电缆小车又称自身轨道或电缆导向装置，安装在吊笼的下部或对面的导轨架上，随同吊笼沿导轨架作上下运行。电缆小车结构简单，安装方便。该型升降机的主立管不仅是吊笼运行的轨道，也是电缆小车的导向的轨道，因而受风力影响较小，适用场合非常普遍。

电缆滑车为附加轨道式电缆导向装置。结构相对复杂，需要在导轨架一侧安装一条工字钢轨道作为其上下运行的导轨，对附加工字钢轨道的制作及安装的要求较高，较适用于特殊要求的场合。

电缆筒位于升降机最下方，通过电缆的自重，随吊笼的上下运行而将电缆筒内的电缆拉出或自然卷绕。电缆筒结构简单，但通常要求环境风力较小，安装高度一般不大于 100m。

滑触线为带电的绝缘导轨，沿导轨架全高度与导轨架连接，安装在吊笼上的导电头始终与带电导轨接触，确保了对吊笼的不间断供电，从而实现了吊笼的上下运行。该导电装置结构比较复杂，安装要求高。但由于其导轨的寿命较长，检修方便，导电截面大，比较适合用于安装高度很高或不需拆卸的升降机等特殊场合。

9. 安全电控系统

安全电控系统由电路里设置的各种安全开关及其他控制件组成。在升降机运行发生异

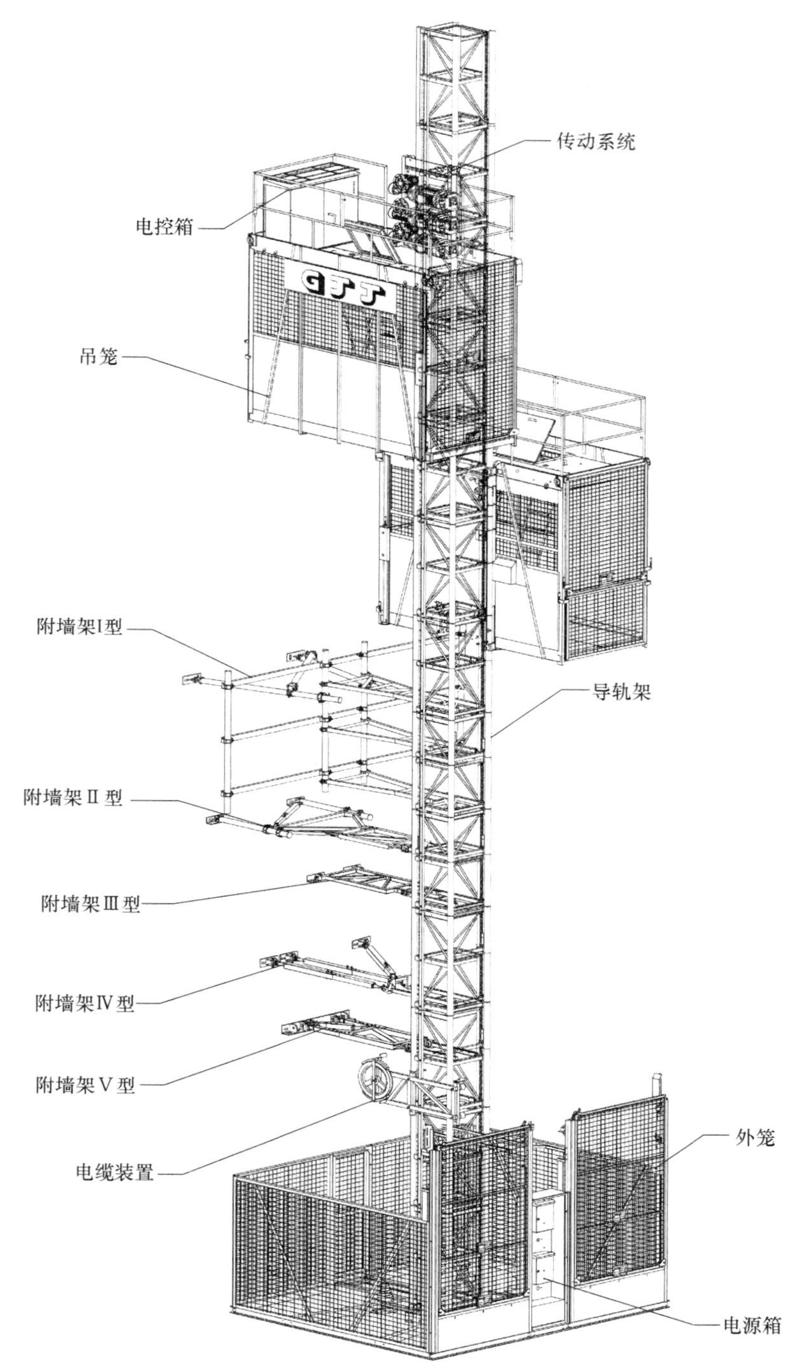

图 2-1-3 施工升降机安装示意图

常情况时，将自动切断升降机电源，使吊笼停止运行，以保证升降机的安全。

在吊笼的单开门、双开门、天窗门和外笼门、检修门及层门上均设有安全开关，如任一门开启或未关闭，吊笼均不能运行；吊笼上装有上、下限位开关和极限开关，当吊笼行至上、下终端时，可自动停车，若此时因故不停车超过安全距离时，极限开关动作切断总电

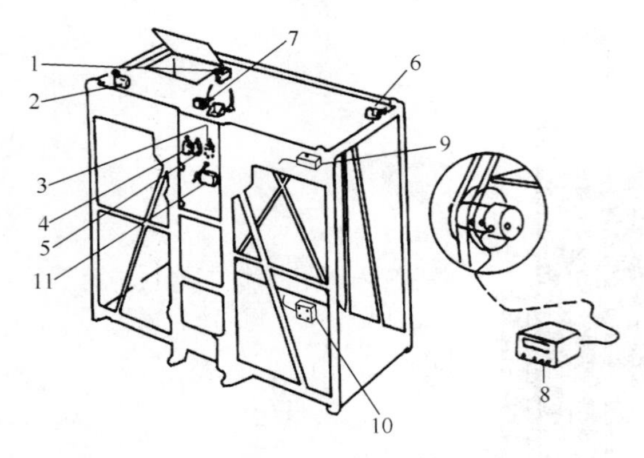

图 2-1-4　变频升降机

1—活板门开关；2—单开吊笼门开关；3—减速开关；4—上限位开关；5—下限位开关；6—双开吊笼门开关；7—断绳保护开关；8—超载装置；9—信号接收头；10—呼叫主机；11—极限开关

源，使吊笼制动。在传动小车顶部还装有防冲顶限位开关（如果传动机构在升降机上方，则安装在传动机构顶上；如果属于内置式传动机构，则安装在吊笼顶上），当吊笼运行至导轨架顶端时，限位开关动作切断电源，使吊笼不能继续向上运行。

在安全器尾端盖内设有限速保护开关，安全器动作时，通过机电联锁切断电源。

对于带对重的升降机，在对重装置的钢丝绳锚点处也设置有松断绳保护开关，一旦钢丝绳断裂或松开，松断绳保护开关将切断升降机电源。对于变频升降机，还设有减速限位开关。如图 2-1-4 所示。

10. 超载保护器

吊笼内配置有超载保护器。超载装置具有记忆功能，当吊笼超载时警铃报警，吊笼不能启动。

11. 楼层呼叫系统（选配）

升降机可配置楼层呼叫系统，由设置在各楼层的呼叫按钮，通过无线电发射器将信息在各楼层传到吊笼内接收。当楼层有人呼叫时，吊笼内的主机有楼层显示和语音播报。

12. 自动平层系统（选配）

升降机可配置自动平层系统，分为半自动平层系统和全自动平层系统。

半自动平层系统，就是在通过按钮确认目标楼层之后，仍需要人为的操作手柄开关，使吊笼自行运行到目标楼层。

全自动平层系统，就是通过操作吊笼内选层按钮或各楼层按钮，吊笼可自动运行到所需楼层。也可以通过手动手柄开关操作，使吊笼运行到所需要的高度。

13. 安全层门装置（选配）

升降机可配置带机电联锁的安全层门装置，只有当吊笼运行到安全层门时，层门才能打开；层门未关，吊笼不能启动；当层门被强行打开时，吊笼会立即断电停止运行。如图 2-1-5 所示。

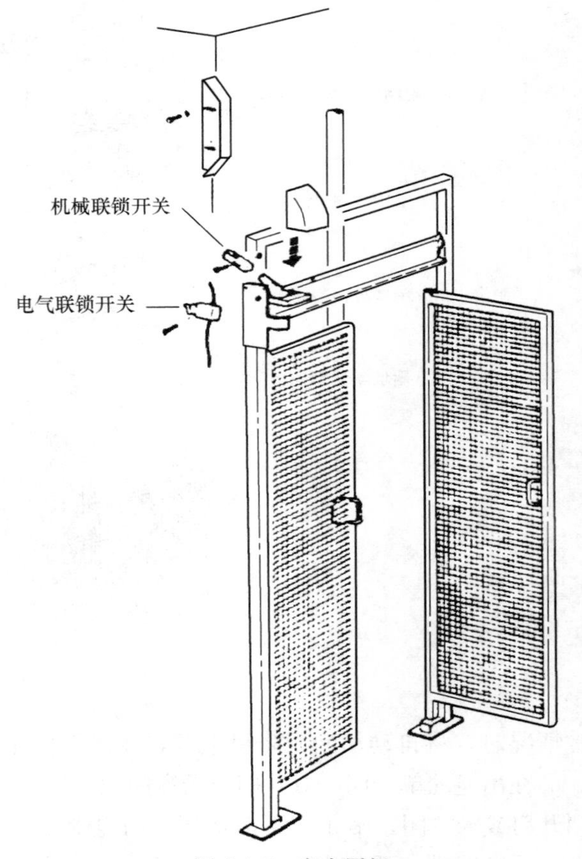

图 2-1-5　安全层门

三、施工升降机相关标准介绍

（一）国家标准

现行有效的施工升降机国家标准：《施工升降机》（GB/T 10054—2005）；《施工升降机安全规程》（GB 10055—2007）；《吊笼有垂直导向的人货两用施工升降机》（GB 26557—2011）。

已经被替代的施工升降机国家标准：《施工升降机 术语》（GB/T 7920.3—1987）、（GB/T 7920.3—1996）；《施工升降机分类》（GB/T 10052—1988）、（GB/T 10052—1996）；《施工升降机检验规则》（GB 10053—1988）、（GB 10053—1996）；《施工升降机技术条件》（GB/T 10054—1988）、（GB/T 10054—1996）；《施工升降机安全规程》（GB 10055—1988）、（GB 10055—1996）；《施工升降机试验方法》（GB/T 10056—1996）、（GB/T 10056—1996）。

（二）行业标准

现行有效的施工升降机行业标准：《施工升降机齿轮锥鼓形渐进式防坠安全器》（JG 121—2000）；《建筑施工安全检查标准》（JGJ 59—2011）；《建筑施工升降机安装、使用、拆卸安全技术规程》（JGJ 215—2010）。

已经被替代的施工升降机行业标准：《施工升降机防坠安全器》（JGJ 5058—1995）；《建筑施工安全检查标准》（JGJ 59—99）。

第二节　施工升降机的进场查验

一、施工升降机进场查验的基本方法

（一）对供应方（租赁方）的产品考察

施工单位对拟进入现场的施工升降机供应方进行考察，分如下两种情形：（1）施工单位自行购置的；（2）施工单位采用租赁方式的。不管采取哪种方式，施工单位都要对设备供应方资质、组织机构、售（租）后服务、施工业绩、设备管理、设备实体等进行检验和考察。

1. 设备供应方资质

设备生产厂家应具有国家或省级质量技术监督部门颁发的“特种设备制造许可证”及“安装维修改造保养许可证”，要特别注意“特种设备制造许可证明细表”所列的制造产品范围，有些厂家可能存在超范围生产，违反《特种设备安全法》，其产品为违法产品。施工升降机租赁企业应具有工商注册“企业法人营业执照”，经营范围符合且年审合格。目前国内一些省市推行租赁资质（资信）制度，有效遏制一些不具备租赁条件的小企业，提高租赁企业门槛。

2. 组织机构

设备供应方的架构设置及人员组成，包括其单位的安全生产管理机构、安全人员配置、安全生产管理制度等。

3. 售（租）后服务

有明确的售（租）后保障制度，配备具有与生产（租赁）匹配的服务人员。

4. 供应方

近三年施工业绩证明。

5. 设备管理

供应方设备管理制度，组织机构配置、设备管理人员配备情况；设备技术挡案齐全，当地设备备案手续完备。《建筑起重机械安全监督管理规定》（建设部166号令）第五条规定，出租单位在建筑起重机械首次出租前，自购建筑起重机械的使用单位在建筑起重机械首次安装前，应当持建筑起重机械特种设备制造许可证、产品合格证和制造监督检验证明到本单位工商注册所在地县级以上地方人民政府建设主管部门办理备案。

设备技术挡案包含以下内容：(1) 生产厂家：需提供安全技术规范要求的设计文件、产品质量合格证明、安装及使用维护保养说明、监督检验证明等相关技术资料和文件（《特种设备安全法》第21条规定）。(2) 设备供应方：购销合同、制造许可证、产品合格证、制造监督检验证明、安装使用说明书、备案证明等原始资料；定期检验报告、定期自行检查记录、定期维护保养记录、维修和技术改造记录、运行故障和生产安全事故记录、累计运转记录等运行资料；历次安装验收资料。

6. 设备实体

可采用抽查的方式进行考察。对停置在场地的设备考察，查看铭牌是否一致，金属结构有无变形、锈蚀，各机构配置齐全；对现场使用的设备，考察内容包括：设备安装情况、设备故障率、用户满意度。

（二）进场查验的组织

施工升降机进场时，项目经理组织有关人员进行查验。

施工现场采购、租赁的施工升降机及配件，必须具有生产（制造）许可证、产品合格证，并在进入施工现场前进行查验。

施工现场的施工升降机及配件必须由专人管理。按照制造厂家的对应该设备编号的使用说明书及有关技术文件的要求，定期进行检查、维修及保养。建立相应的资料挡案，并按照国家有关规定及时报废。

（三）进场查验的原则及主要内容

施工升降机进场时，项目经理应组织技术、安全、机管等有关人员进行查验，查验内容至少必须包括：(1) 检查产品制造许可证、产品合格证、使用说明书、产权备案证、安拆单位资质及特种作业人员证件和安拆方案。(2) 检查产品实物是否与装箱单一致。(3) 检查安全装置：防坠安全器在有效标定期内，安全钩完好，是否有超载保护器、上下限位开关、极限开关、急停开关、外笼门机电连锁、吊笼门机电连锁、天窗开关、防坠安全器开关、防冲顶机械及电气装置、缓冲器。带对重升降机还要求有松断绳开关、钢丝绳防脱槽装置。(4) 检查传动机构：检查减速机、电机是否完好，检查减速机是否漏油，检查电机制动器、齿轮、齿条的磨损情况是否符合要求。检查钢丝绳是否完好。(5) 检查电气、电缆是否完好。(6) 检查吊笼、标准节、附墙架、底盘等应为原厂制作，结构无明显变形、无开焊、无裂纹、无严重锈蚀。吊笼门应开启灵活。(7) 检查安拆工具是否完整、良好。

二、施工升降机常见安全隐患的辨识

（一）结构件安全隐患的辨识

检查预埋结构件的焊缝无明显缺陷，外观无明显变形，无严重锈蚀。

检查标准节无明显变形，无严重锈蚀，焊缝无漏焊，齿条螺栓的必须紧固。

检查吊笼无明显变形，无严重锈蚀，焊缝无漏焊；笼内的所有门限位开关、上下限位开关、极限开关是否齐全可靠；检查进出门是否灵活，防坠安全器在有效标定期内；检查所有滚轮螺栓紧固。

检查附墙架的焊缝无明显缺陷，外观无明显变形，无严重锈蚀。

检查天轮及对重的焊缝无明显缺陷，外观无明显变形，无严重锈蚀；检查各滚轮、绳轮转动灵活。

（二）机构装置安全隐患的辨识

检查传动机构的传动架和大板无明显变形，减速机油位正常，油的型号符合要求，减速机无漏油，齿轮完好，电机制动器正常，防冲顶开关可靠。

带对重升降机还要检查钢丝绳无明显缺陷。

（三）升降系统安全隐患的辨识

（1）检查升降机基础，不允许有积水。

（2）检查防坠安全器在有效标定期内，是否按要求进行坠落试验。

（3）检查安全钩完好，缓冲器、笼顶围栏有效。

（4）检查吊笼及对重的运行通道是否畅通。

（5）检查标准节连接螺栓连接并紧固，附墙架螺栓连接并紧固，开口销张开。

（6）通电检查电机启制动正常。

（7）检查通电超载保护器、上下限位开关、极限开关、吊笼急停开关、外笼急停开关、检修门开关、外笼门机电连锁、吊笼门机电连锁、天窗开关、防坠安全器开关、防冲顶机械及电气装置、层门开关是否可靠。

（8）带对重升降机还要检查松断绳开关、钢丝绳防脱槽装置是否可靠。

第三节　施工升降机的施工现场安装和拆卸

一、安装和拆卸工程专项施工方案的编制

（一）专项施工方案的编制要求

专项施工方案的编制单位安装作业前，安装单位应编制施工升降机安装、拆卸工程专项施工方案，由安装单位技术负责人签字后，将安装、拆卸时间等材料报施工总承包单位或使用单位、监理单位审核，并告知工程所在地建设行政主管部门。

（二）专项施工方案的编制内容

施工升降机安装、拆卸工程专项施工方案应包含以下内容：（1）工程概况；（2）编制依据；（3）作业人员组织和职责；（4）施工升降机安装位置平面、立面图和安装作业范围平面图；（5）施工升降机技术参数、主要零部件外形尺寸和重量；（6）辅助起重设备的种类、型号、性能及位置安排；（7）吊索具的配置、安装与拆卸工具及仪器；（8）安装、拆卸步骤与方法；（9）安全技术措施；（10）安全应急预案。

（三）附着的要求

使用过程中需要附着的，使用单位应当委托原安装单位或者具有相应资质的安装单位按照专项施工方案实施；安装完毕后，组织安装、监理等有关单位进行检验，并委托具有

相应资质的检验检测机构进行验收；验收合格后，由安监单位办理使用登记证，然后才可正式投入使用。实行施工总承包的，由施工总承包单位组织验收。

（四）接高的要求

使用过程中需要接高的，使用单位应委托原安装单位或者具有相应资质的安装单位按照专项施工方案实施后，方可投入使用。

（五）注意事项

禁止擅自在建筑起重机械上安装非原制造厂制造的标准节和附着装置。

施工升降机安装、拆卸工程专项施工方案，应根据使用说明书的要求、作业场地及周边环境的实际情况、施工升降机使用要求等编制。当安装拆卸过程中专项施工方案发生变更时，应按程序更新，对方案进行审批；未经审批的，不得继续进行安装、拆卸作业。

二、施工升降机的安装作业程序

（一）安装前准备工作

1. 安全施工技术交底

（1）施工升降机安装、拆卸工程专项施工方案经安装单位技术负责人签字，并经施工总承包单位或使用单位、监理单位审核后，告知工程所在地县级以上建设行政主管部门。

（2）安装单位组织所有作业人员进行安全施工技术交底并签字确认。

（3）使用单位在施工升降机活动范围内设置明显的安全警示标志，对集中作业区做好安全防护。

（4）使用单位指定专职设备管理人员、专职安全生产管理人员进行现场监督检查。

2. 检查安装场地及施工现场环境条件

（1）安装单位按照安装、拆卸工程专项施工方案及有关标准，检查施工升降机及现场施工条件。

（2）使用单位根据不同施工阶段、周围环境以及季节气候的变化，对施工升降机采取相应的安全防护措施。

（3）工地应具备运输和堆置升降机零件的通道及场地。

（4）工地应按施工方案的技术要求至少提前1周制作好基础；准备一些2～12mm厚的钢垫片，用来垫入底盘，调整导轨架垂直度。

（5）根据现场情况，按有关技术文件的要求，确定附墙架与建筑物连接方案，准备好预埋件或固定件等。

（6）根据现场情况，按有关标准及技术要求，制作站台层门、过桥板、安全栏杆等。

（7）安装工地应具备能量足够的电源，并须配备一个专供升降机使用的电源箱，每个吊笼均应由一个开关控制，供电熔断器的电流参见施工升降机安装、拆卸工程专项施工方案。

（8）工地的专用电源箱应直接从工地变电室引入电源，距离不应超过20m。一般每个吊笼用一根截面积大于25mm^2 的铜线电缆连接，如距离过长应适当增加电缆的截面积。

（9）设置保护接地装置，接地电阻≤4Ω。

（10）工地供电电源电压最大偏差为±5%，供电功率不小于电机总功率。

（11）若工地采用发电机供电，必须配备无功补偿设备及稳压设备，以确保电源质量。

（12）工地应当配备合适的漏电保护开关。

3. 检查安装工具设备及安全防护用具

(1) 安装设备：1 台 8t 以上汽车吊或适合现场的塔机。

(2) 安装工具：吊笼专用吊具、符合载荷的绳索以及按使用说明书要求的扳手等工具。

(3) 安全防护用品：安全帽、安全带、防滑鞋、劳保服等。

(二) 施工升降机的安装

1. 安装安全操作要求

(1) 安装人员必须经过培训，并具有相关安装操作资格证。

(2) 安装场地应清理干净，并用标志杆围起来，禁止非工作人员入内。

(3) 防止安装地点上方掉落物体，必要时加装安全网。

(4) 安装过程中必须有专人负责统一指挥。

(5) 吊笼上的零部件必须放置平稳，不得露出安全围栏外。

(6) 利用吊杆安装时，不允许超载，吊杆只可用来安装和拆卸升降机的零部件，不得用于其他用途。

(7) 不允许使用一根吊杆同时吊装 2 节或更多标准节，必须一节节依次起吊、安装，除非有辅助起重设备帮助吊装。

(8) 吊杆上有悬挂物时，不允许开动吊笼。

(9) 安装作业人员应按高处作业安全要求，必须戴安全帽、系安全带、穿防滑鞋等，不要穿过于宽松的衣服，应穿工作服，以免被卷入运行部件中发生安全事故。

(10) 升降机运行前，应首先保证接地装置与升降机金属结构接通，如图 2-3-1 所示，接地电阻≤4Ω。

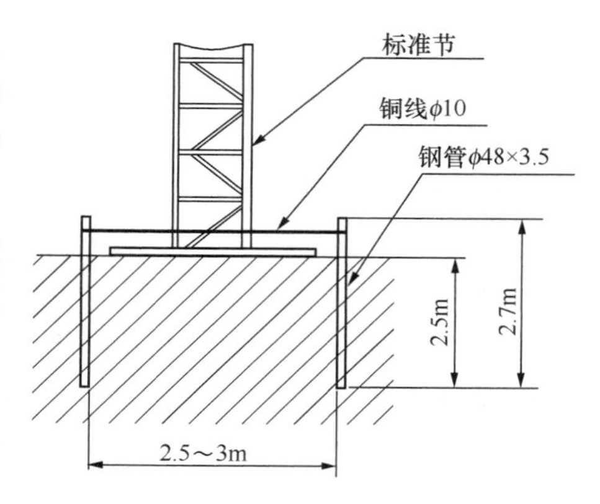

图 2-3-1　接地装置连接示意图

(11) 传动小车与吊笼的编号必须保持一致。

(12) 所有零部件必须是原厂生产，否则会有安全隐患。

(13) 电气线路不得擅自更改。

(14) 严禁夜间或酒后进行安装作业。

(15) 升降机运行时，操作人员的头、手绝不能伸出安全围栏外。如图 2-3-2 所示。

(16) 如果有人在导轨架上或附墙架上工作时，绝对不允许开动升降机。

(17) 当吊笼运行时，严禁人员进入外笼内。

(18) 安装升降机时，必须在吊笼顶部操作升降机，不允许在吊笼内操作。

(19) 吊笼启动前，应先进行全面检查，消除所有的安全隐患。

(20) 安装运行时，必须按升降机额定安装载重量装载，不允许超载运行。

(21) 雷雨天、雪天或风速超过 13m/s 的恶劣天气时，不能进行安装作业。

(22) 安装人员及物品不得倚靠在围栏上。

(23) 切勿忘记拧紧标准节及附墙架的连接螺栓，附墙架的开口销必须张开。如图 2-3-3 所示。

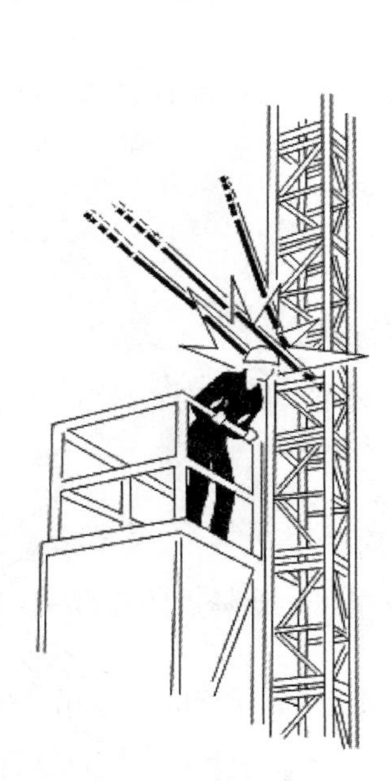

图 2-3-2　操作人员错误操作示意图一

图 2-3-3　操作人员错误操作示意图二

（24）每安装一道附墙架，必须按 表 2-3-1 中要求检测并调整导轨架的垂直度。

导轨架垂直度允许偏差　　**表 2-3-1**

导轨架架设高度 h（m）	≤70	>70～100	>100～150	>150～200	>200
允许偏差（m）	不大于导轨架架设高度的 1‰	35	40	45	50

（25）安装完毕，应按使用说明书中“润滑”一章的要求进行润滑。

2. 双笼不带对重升降机的安装程序

（1）将基础表面清扫干净。

（2）安装底盘用水平尺找平，拧紧地脚螺栓。

（3）安装 1 个基础节并拧紧螺栓，再安装 2 个标准节在基础节上。

（4）安装左右两吊笼下缓冲弹簧；如有缓冲弹簧安装座，则应先将缓冲弹簧安装座固定在底盘上，再安放缓冲弹簧。

（5）用起重设备将左吊笼吊起就位，在吊笼下放时应缓慢进行，吊笼的两底梁应与缓冲弹簧有效接触。

（6）松开左右两传动小车上的电机上的制动器，根据不同的电机品牌，松制动器的方法详见对应的施工升降机使用说明书或电机说明书。

（7）用起重设备吊起左笼的传动小车。

（8）从标准节上方使左笼的传动小车就位。

（9）将左笼的传动小车与左吊笼的连接耳板对好后，穿入传感器销轴，并将止动槽向上，装上固定板。如图 2-3-4 所示。

（10）将左笼的传动小车的制动器复位。

（11）用起重设备将右吊笼吊起就位，吊笼下放时应缓慢进行。

（12）用起重设备吊起右笼的传动小车。

（13）从标准节上方使右笼的传动小车就位。

（14）将右笼的传动小车与右吊笼的连接耳板对好后，穿入传感器销轴，并将止动槽向上，装上固定板。如图 2-3-4 所示。

（15）将右笼的传动小车的制动器复位。

（16）安装左右笼的笼顶安全围栏。

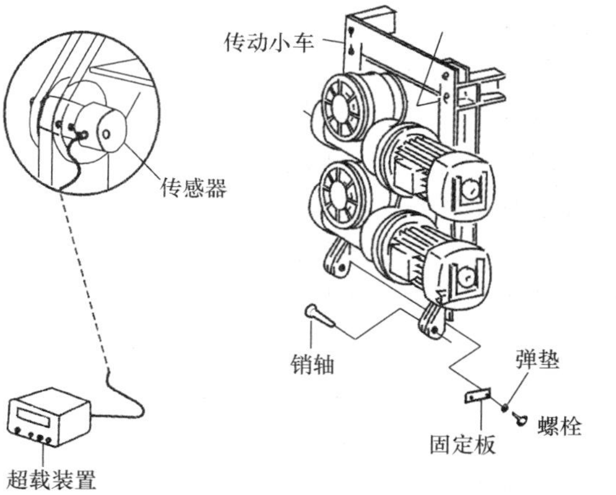

图 2-3-4　传动板安装示意图

（17）再安装 2 个标准节，此时导轨架有 5 个标准节，高度约 7.5m。紧固所有标准节螺栓。

（18）左右笼电机分别通电试运行。要求升降机启制动平稳，无异常声音。齿轮与齿条的啮合间隙应保证 0.2～0.5mm。导轮与齿条背面的间隙为 0.5mm。各个滚轮与标准节立管的间隙为 0.5mm。

（19）用经纬仪测量导轨架的垂直度，保证导轨架的各个立管在两个相邻方向上的垂直度≤1/1000。

（20）在底盘和基础间的垫入不同厚度的调整钢板，用以调整导轨架的垂直度。

（21）当导轨架调整到垂直时，按使用说明书规定的拧紧力矩紧固底盘与基础之间的 4 个地脚螺栓。

（22）安装外笼及外笼门。

（23）用经纬仪测量并调整外笼门框的垂直度，使外笼门的垂直度在两个相近方向≤1/1000。

（24）调整吊笼门锁及外笼门锁，门锁应安全可靠。检查吊笼进出门及外笼门，应开关灵活。

（25）按使用说明书的要求，安装防冲顶机械装置，上下限位碰铁和上下极限碰铁。

（26）检查超载保护器、上下限位开关、极限开关、吊笼急停开关、外笼急停开关、检修门开关、外笼门机电连锁、吊笼门机电连锁、天窗开关、防坠安全器开关、防冲顶开关、层门开关是否正常。

3. 双笼带对重升降机的安装程序

（1）将基础表面清扫干净。

（2）安装底盘用水平尺找平，拧紧地脚螺栓。

（3）安装 1 个基础节并拧紧螺栓，再安装 2 个标准节在基础节上。

（4）安装两对重用的缓冲弹簧。

（5）用起重设备将左笼对重吊起就位，对重沿滑道下放时应缓慢进行，使对重与弹簧有效接触。

（6）用起重设备将右笼对重吊起就位，对重沿滑道下放时应缓慢进行，使对重与弹簧有效接触。

(7) 安装左右两吊笼下缓冲弹簧；如有缓冲弹簧安装座，则应先将缓冲弹簧安装座固定在底盘上，再安放缓冲弹簧。

(8) 用起重设备将左吊笼吊起就位，在吊笼下放时应缓慢进行，吊笼的两底梁应与缓冲弹簧有效接触。

(9) 松开左右两传动小车上的电机上的制动器，根据不同的电机品牌，松制动器的方法详见对应的施工升降机使用说明书或电机说明书。

(10) 用起重设备吊起左笼的传动小车。

(11) 从标准节上方使左笼的传动小车就位。

(12) 将左笼的传动小车与左吊笼的连接耳板对好后，穿入传感器销轴，并将止动槽向上，装上固定板。如图 2-3-4 所示。

(13) 将左笼的传动小车的制动器复位。

(14) 用起重设备将右吊笼吊起就位，吊笼下放时应缓慢进行。

(15) 用起重设备吊起右笼的传动小车。

(16) 从标准节上方使右笼的传动小车就位。

(17) 将右笼的传动小车与右吊笼的连接耳板对好后，穿入传感器销轴，并将止动槽向上，装上固定板。如图 2-3-4 所示。

(18) 将右笼的传动小车的制动器复位。

(19) 安装左右笼的笼顶安全围栏。

(20) 再安装 2 个标准节，此时导轨架有 5 个标准节，高度约 7.5m。紧固所有标准节螺栓。

(21) 左右笼电机分别通电试运行。要求升降机启制动平稳，无异常声音。齿轮与齿条的啮合间隙应保证 0.2～0.5mm。导轮与齿条背面的间隙为 0.5mm。各个滚轮与标准节立管的间隙为 0.5mm。对重滑道的对接处错位阶差不大于 0.8mm。

(22) 用经纬仪测量导轨架的垂直度，保证导轨架的各个立管在两个相邻方向上的垂直度≤1/1000。

(23) 在底盘和基础间的垫入不同厚度的调整钢板，用以调整导轨架的垂直度。

(24) 当导轨架调整到垂直时，按使用说明书规定的拧紧力矩紧固底盘与基础之间的 4 个地脚螺栓。

(25) 安装外笼及外笼门。

(26) 用经纬仪测量并调整外笼门框的垂直度，使外笼门的垂直度在两个相近方向≤1/1000。

(27) 调整吊笼门锁及外笼门锁，门锁应安全可靠。检查吊笼进出门及外笼门，应开关灵活。

(28) 按使用说明书的要求，安装上下限位碰铁和上下极限碰铁。

(29) 检查超载保护器、上下限位开关、极限开关、吊笼急停开关、外笼急停开关、检修门开关、外笼门机电连锁、吊笼门机电连锁、天窗开关、防坠安全器开关、防冲顶开关、断绳保护开关、层门开关是否正常。

（三）施工升降机的接高

1. 接高前检查

（1）检查绳索、卡环等吊装吊用辅具是否齐全。

（2）检查扳手等安装工具是否齐全。

（3）检查防冲顶开关是否正常。

（4）若采用升降机自备的吊杆安装，则应检查吊杆及与吊杆配套的标准节专用吊具是否完好。

（5）工地应具备堆置及组合4～6节标准节的通道及场地。

（6）检查标准节不应有明显变形或严重锈蚀，焊缝不应有明显缺陷，立管、齿条等不应严重磨损。

（7）风速必须小于13m/s。

（8）暴雨天、雪天等恶劣天气不应安装。

2. 接高程序

（1）不带对重升降机的接高程序

1）拆掉防冲顶机械装置、上限位碰铁和上极限碰铁。

2）若采用升降机自备的吊杆安装，先将吊杆放入吊笼顶部的安装孔内，电动吊杆还应接好电源，即可使用（若利用现场的起重设备如塔吊等安装导轨架，可先将4～6节标准节在地面上连成一组，然后吊上导轨架）。

3）将标准节两端管子接头处及齿条销子处擦拭干净，并加少量润滑脂。

4）打开一扇护身栏杆，将吊杆上的吊钩放下，并钩住标准节吊具。

5）用标准节吊具钩住一标准节，带锥套的一端向下。

6）起吊标准节，将标准节吊至吊笼顶部并放稳。

7）关上护身栏杆，启动升降机。当吊笼升至接近导轨架顶部时，应点动行驶，直至传动小车顶部距导轨架顶部大约为300mm左右时停止。

8）用吊杆吊起标准节，对准下面标准节立管和齿条上的销孔放下吊钩，用螺栓紧固。

9）松开吊钩，将吊杆转回，按使用说明书规定的拧紧力矩紧固全部标准节螺栓。

按上述方法将标准节依次相连直至达到所需高度。随着导轨架的不断加高，应同时安装附墙架，并检查导轨架垂直度。每安装1道附墙架，按表2-3-1检查并调整导轨架的垂直度。

① 加高时，每次用吊杆只能吊1节（用吊车吊起标准节不超过6节）；

② 导轨架悬臂高度及附墙架间距必须符合使用说明书的要求；

③ 安装载重量不得大于该升降机额定安装载重量；

④ 接高时须随时注意电缆，防止电缆挂在别的零部件上而拉断电缆。

10）安装到需要高度后，安装冲顶机械装置、上限位碰铁和上极限碰铁。

11）安装完成后，拆下吊杆，升降机才能正常工作。

（2）带对重升降机的接高程序

1）拆掉上限位碰铁和上极限碰铁。

2）若采用升降机自备的吊杆安装，则先将吊杆放入吊笼顶部的安装孔内，电动吊杆还应接好电源，即可使用（若利用现场的起重设备如塔吊等安装导轨架，可先将4～6节标准节在地面上连成一组，然后吊上导轨架）。

3）将标准节两端管子接头处及齿条销子处擦拭干净，并加少量润滑脂。

4）打开一扇护身栏杆，将吊杆上的吊钩放下，并钩住标准节吊具。

5）用标准节吊具钩住一标准节，带锥套的一端向下。

6）起吊标准节，将标准节吊至吊笼顶部并放稳。

7）关上护身栏杆，启动升降机。当吊笼升至接近导轨架顶部时，应点动行驶，直至传动小车顶部距导轨架顶部大约为 300mm 左右时停止。

8）用吊杆吊起标准节，对准下面标准节立管和齿条上的销孔放下吊钩，用螺栓紧固。

9）松开吊钩，将吊杆转回，按使用说明书规定的拧紧力矩紧固全部标准节螺栓。

按上述方法将标准节依次相连直至达到所需高度，随着导轨架的不断加高，应同时安装附墙架，并检查导轨架垂直度。每安装 1 道附墙架，按表 2-3-1 检查并调整导轨架的垂直度。

① 加高时，每次用吊杆只能吊 1 节（用吊车吊起标准节不超过 6 节）；

② 导轨架悬臂高度及附墙架间距，必须符合使用说明书的要求；

③ 安装载重量不得大于该升降机额定安装载重量；

④ 接高时须随时注意电缆，防止电缆挂在别的零部件上而拉断电缆。

10）当升降机安装到需要高度后，按使用说明书的方法安装天轮及钢丝绳。所有螺栓必须紧固，所有开口销必须张开。

11）安装上限位碰铁和上极限碰铁。

12）安装完成后，拆下吊杆，升降机才能正常工作。

3. 接高的安全操作要求

（1）安装人员必须经过培训，并具有相关安装操作资格证。

（2）安装场地应清理干净，并有标志杆围起来，禁止非工作人员入内。

（3）防止安装地点上方掉落物体，必要时加装安全网。

（4）安装过程中，必须有专人负责统一指挥。

（5）吊笼上的零部件必须放置平稳，不得露出安全围栏外。

（6）利用吊杆安装时，不允许超载。

（7）不允许使用一根吊杆同时吊装 2 节或更多标准节，必须一节节起吊、安装，除非有辅助起重设备帮忙吊装。

（8）吊杆上有悬挂物时，不允许开动吊笼。

（9）安装作业人员应按高处作业安全要求，必须戴安全帽、系安全带、穿防滑鞋等，不要穿过于宽松的衣服，应穿工作服，以免被卷入运行部件中发生安全事故。

（10）严禁夜间或酒后进行安装作业。

（11）升降机运行时，操作人员的头、手绝不能伸出安全围栏外。

（12）如果有人在导轨架上或附墙架上工作时，绝对不允许开动升降机。

（13）当吊笼运行时，严禁人员进入外笼内。

（14）安装升降机时，必须在吊笼顶部操作升降机，不允许在吊笼内操作。

（15）吊笼启动前，应先进行全面检查，消除所有的安全隐患。

（16）安装运行时，必须按升降机额定安装载重量装载，不允许超载运行。

（17）雷雨天、雪天或风速超过 13m/s 的恶劣天气时不能进行安装作业。

（18）安装人员及物品不得倚靠在围栏上。

（19）每安装一道附墙，必须按表 2-3-1 中要求检测并调整导轨架的垂直度。

（20）安装完毕，应按使用说明书中“润滑”一章要求进行润滑。

（21）切勿忘记拧紧标准节及附墙架的连接螺栓，附墙架的开口销必须张开。

（四）施工升降机的附着

1. 附着前检查

（1）检查绳索、卡环等吊装吊用辅具是否齐全。

（2）检查扳手等安装工具是否齐全。

（3）若采用升降机自备的吊杆安装附墙架，还应检查吊杆是否完好。

（4）检查连墙件是否正常。

（5）检查附墙架不应有明显变形或严重锈蚀，焊缝不应有明显缺陷。

（6）风速必须小于 13m/s。

（7）暴雨天、雪天等恶劣天气不应安装。

2. 附着程序

根据工地现场的实际情况，附墙架有多种型号，可按照升降机使用说明书的要求，安装对应型号的附墙架。以下附着程序以工地最常用的Ⅱ型附墙架为例，如图 2-3-5 所示。

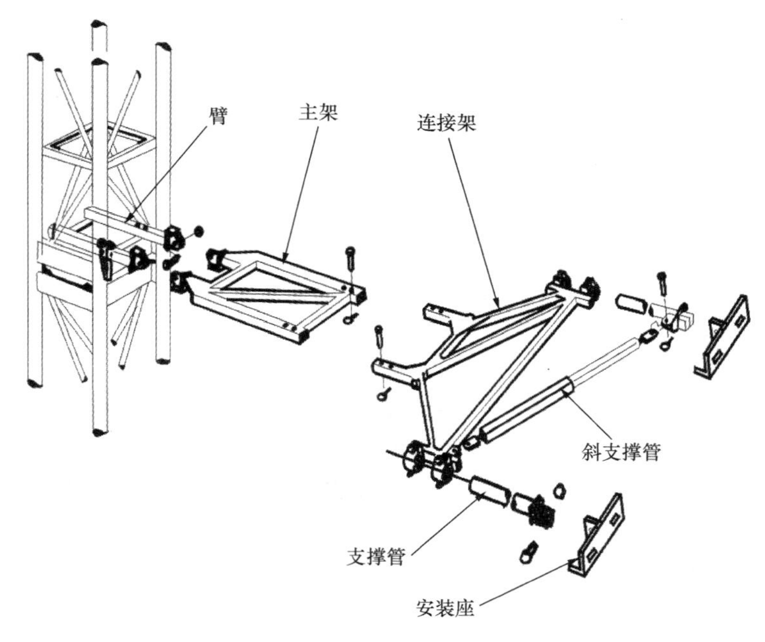

图 2-3-5 Ⅱ型附墙架

（1）在导轨架上安装两件臂，用螺栓紧固。

（2）将安装座与建筑物连接。

（3）将两根支撑管与安装座连接。

（4）用螺栓及销子将其余部分连接起来，按表 2-3-1 的要求检测并调整导轨架的垂直度。

（5）紧固所有螺栓，慢慢启动升降机，确保吊笼及对重不与附墙架相碰。

3. 附着的安全操作要求

（1）安装人员必须经过培训，并具有相应安装操作资格证。

（2）安装场地应清理干净，并有标志杆围起来，禁止非工作人员入内。

（3）防止安装地点上方掉落物体，必要时加装安全网。

（4）安装过程中必须有专人负责统一指挥。

（5）吊笼上的零部件必须放置平稳，不得露出安全围栏外。

（6）利用吊杆安装时，不允许超载。

（7）吊杆上有悬挂物时，不允许开动吊笼。

（8）安装作业人员应按高处作业安全要求，必须戴安全帽、系安全带、穿防滑鞋等，不要穿过于宽松的衣服，应穿工作服，以免被卷入运行部件中发生安全事故。

（9）严禁夜间或酒后进行安装作业。

（10）升降机运行时，操作人员的头、手绝不能伸出安全围栏外。

（11）如果有人在导轨架上或附墙架上工作时，绝对不允许开动升降机。

（12）当吊笼运行时，严禁人员进入外笼内。

（13）安装升降机时，必须在吊笼顶部操作升降机，不允许在吊笼内操作。

（14）吊笼启动前，应先进行全面检查，消除所有的安全隐患。

（15）安装运行时，必须按升降机额定安装载重量装载，不允许超载运行。

（16）雷雨天、雪天或风速超过 13m/s 的恶劣天气时，不能进行安装作业。

（17）安装人员及物品不得倚靠在围栏上。

（18）每安装一道附墙，必须按 表 2-3-1 中要求检测，并调整导轨架的垂直度。

（19）切勿忘记拧紧附墙架的联接螺栓，附墙架的开口销必须张开。

（20）附墙架的最大水平倾斜角不得大于±8°，即 144：1000。

三、施工升降机的拆卸程序

（一）拆卸前检查

（1）拆卸设备：1 台 8t 以上汽车吊或适合现场的塔机。

（2）拆卸工具：吊笼专用吊具、符合载荷的绳索以及扳手等工具。

（3）安全防护用品：安全帽、安全带、防滑鞋、劳保服等。

（4）若采用升降机自备的吊杆拆卸标准节和附墙架，还应检查吊杆及标准节吊具是否完好。

（5）检查防冲顶开关是否正常。

（6）风速必须小于 13m/s。

（7）暴雨天、雪天等恶劣天气不应拆卸。

（二）拆卸程序

1. 不带对重升降机的拆卸程序

（1）拆下上限位碰铁和极限碰铁。

（2）拆下所有电缆保护架。

（3）导轨架及附墙架的拆卸：

1）如果工地无塔机配合，应先将吊杆安装在吊笼顶的吊杆孔内，然后利用吊杆上的葫芦将标准节逐节提起，从上往下逐节拆卸导轨架及附墙架，直至中间挑线架处。

2）如果工地有塔机配合，可先拆下最顶部一道附墙，再用塔机将顶部标准节吊住，每6节标准节为一体拆掉，逐步拆卸导轨架及附墙架，直至中间挑线架处。

3）如果是电缆小车，还需拆卸电缆小车、中间挑线架及静电缆。如果是电缆滑车，还需拆卸电缆滑车、中间挑线架、静电缆及工字钢轨道。

4）按上述方式拆卸其余导轨架、附墙架，直至仅剩3～4节标准节。

5）拆卸外笼门限位、外笼门锁碰铁、吊笼门锁碰铁、下限位碰铁、极限碰铁及笼顶安全围栏。

6）拆卸导轨架及附墙架时需注意：

① 拆卸时，每次用吊车吊起标准节不超过6节；

② 从导轨架拆卸处到最顶部未拆的附墙距离不得大于7.5m，从吊笼上平面到最顶部未拆下的附墙的距离不得大于7.5m；

③ 拆卸时的载重量不得大于该升降机额定安装载重量；

④ 拆卸时须随时注意电缆，防止电缆挂在别的零部件上而拉断电缆。

（4）上传动机构和吊笼的拆卸：

1）将吊笼开到最底部，拆卸传动小车与吊笼的连接销。

2）切断总电源，并拆卸随行电缆。

3）用一台8t以上吊车或塔机，将传动小车及吊笼吊起拆卸。

4）拆卸其余标准节。

（5）外笼的拆卸：

1）拆卸所有外笼围栏。

2）拆卸底盘。

（6）现场清理：

拆卸完后，应当清理现场，将各零部件分类整齐放置。消除安全隐患。对于需要维修保养的零部件，在入库前要做好维修保养工作。

2. 带对重升降机的拆卸程序

（1）天轮及对重系统的拆卸：

1）拆下上限位碰铁和极限碰铁，然后将吊笼升到距天轮装置底部约1m处（注意防止吊笼冲撞天轮装置），使对重着地后拆下对重端钢丝绳卡。

2）将吊笼向下运行到比对重端的钢丝绳高出约5m处停下，松开吊笼吊点处的绳卡。

3）用手卷绕吊笼顶的卷筒卷绕钢丝绳约3m时，将吊笼上行3m；再卷绕钢丝绳3m，吊笼再上行3m，如此多次卷绕钢丝绳，直到对重端的钢丝绳头顶距导轨架顶点约5m时，用手扶住天轮吊点将对重端的钢丝绳头从天轮的绳槽慢慢拉出，然后全部卷绕在卷筒上。

4）拆下导轨架顶部的天轮装置。

5）拆卸钢丝绳时，必须保证吊笼的位置高于对重端钢丝绳头的位置，以避免钢丝绳因自重力而自由滑出轮槽发生事故。

（2）拆下所有电缆保护架。

（3）导轨架及附墙架的拆卸：

1）如果工地无塔机配合，应先将吊杆安装在吊笼顶的吊杆孔内，然后利用吊杆上的葫芦将标准节逐节提起，从上往下逐节拆卸导轨架及附墙架，直至中间挑线架处。

2）如果工地有塔机配合，可先拆下最顶部一道附墙，再用塔机将顶部标准节吊住，每6节标准节为一体拆掉，逐步拆卸导轨架及附墙架，直至中间挑线架处。

3）如果是电缆小车，还需拆卸电缆小车、中间挑线架及静电缆。如果是电缆滑车，还需拆卸电缆滑车、中间挑线架、静电缆及工字钢轨道。

4）接上述方式拆卸其余导轨架、附墙架，直至仅剩3～4节标准节。

5）拆卸外笼门限位，外笼门锁碰铁，吊笼门锁碰铁，下限位碰铁、极限碰铁及笼顶安全围栏。

6）拆卸导轨架及附墙架时需注意的问题：

① 拆卸时，每次用吊车吊起标准节不超过6节；

② 从导轨架拆卸处到最顶部未拆的附墙距离不得大于7.5m，从吊笼上平面到最顶部未拆下的附墙的距离不得大于7.5m；

③ 拆卸时的载重量不得大于该升降机额定安装载重量；

④ 拆卸时须随时注意电缆，防止电缆挂在别的零部件上而拉断电缆。

（4）上传动机构和吊笼的拆卸：

1）将吊笼开到最底部，拆卸传动小车与吊笼的连接销。

2）切断总电源，并拆卸随行电缆。

3）用一台8t以上吊车或塔机，将传动小车及吊笼吊起拆卸。

4）用吊车或塔机将对重吊起拆卸。

5）拆卸其余标准节。

（5）外笼的拆卸：

1）拆卸所有外笼围栏。

2）拆卸底盘。

（6）现场清理：

拆卸完后，应当清理现场，将各零部件分类整齐放置。消除安全隐患。对于需要维修保养的零部件，在入库前要做好维修保养工作。

（三）拆卸的安全操作要求

（1）拆卸场地应清理干净，并用标志杆围起来，禁止非工作人员入内。

（2）防止拆卸地点上方掉落物体，必要时加装安全网。

（3）拆卸过程中必须有专人负责统一指挥。

（4）升降机运行时，人员的头、手绝不能露出安全围栏外。

（5）如果有人在导轨架上或附墙架上工作时，绝对不允许开动升降机，当吊笼运行时严禁进入外笼内。

（6）吊笼上的零部件必须放置平稳，不得露出安全门外。

（7）利用吊杆进行拆卸时，不允许超载。吊杆只可用来安装和拆卸升降机零部件，不得用于其他用途。

（8）吊杆有悬挂物时，不得开动吊笼。

（9）拆卸作业人员应按高处作业的安全要求，必须戴安全帽、系安全带、穿防滑鞋等，不要穿过于宽松的衣物，应穿工作服，以免被卷入运行部件中发生安全事故。

（10）拆卸过程中，必须笼顶操作，不允许笼内操作。

（11）吊笼启动前应先进行全面检查，确保升降机运行通道无障碍，消除所有安全隐患。

（12）拆卸运行时，绝对不允许超过额定拆卸载重量。

（13）雷雨天、雪天或风需超过于 13m/s 的恶劣天气时，不能进行拆卸作业。

（14）升降机运行前，按图 2-3-1 将接地装地装置与升降机金属结构接通，接地电阻 $\leqslant 4\Omega$。

（15）严禁夜间进行拆卸作业。

（16）拆卸前必须进行一次限速器坠落试验。

第四节　施工升降机施工使用前的验收及办理使用登记

一、施工升降机施工使用前的验收组织

组织人员：施工总包单位项目生产副经理

参加人员：施工总包单位的项目上生产副经理、机械员、安全主管、栋号长、外施队长等；监理单位的总监或总监代表；施工升降机产权单位的法定代表人或委托人；施工升降机安装单位的法定代表人或委托人。

验收时间：第三方检测机构检测合格且出具检测报告后。

验收地点：设备所在的项目部现场。

二、施工升降机施工使用前的验收程序

第一次验收：安装单位验收（分基础验收和设备验收，填写验收记录）。

第二次验收：第三方检测机构验收（一次性验收，出具检测报告）。

第三次验收：四方（施工、监理、产权、安装）联合验收。

三、施工升降机施工使用前的验收内容

详见《施工现场齿轮齿条式施工升降机检验规程》（DB11/T 636），建议可将 3.1 条技术资料、3.2 条标志、3.3 条基础及围栏、3.8 条安装垂直度偏差、3.11 条层门、3.12 条防护棚作为项目验收内容。

四、施工升降机使用登记的办理

施工升降机安装验收合格之日起 30 日内，施工单位应向工程所在地县级以上地方人民政府建设主管部门办理建筑起重机械使用登记。

在办理使用登记之前，要做到办理了安装告知手续并由第三方检测机构出具了合格检测报告，然后登录当地建设主管部门网站，凭用户名和密码网上填报“施工升降机使用登记表”并下载，由施工单位、监理单位签字盖章（有些省市还需要安装单位和设备供应方签字盖章），再按照当地建设主管部门要求，报送资料（包括但不限于设备产权方营业执照、设备注册登记证、产品合格证、维修保养制度、特种作业操作证等）。关于安装资料，包括安装单位营业执照、资质证书、安全生产许可证、安装人员特种作业操作证、安装（拆卸）方案及交底、安装自检表、安拆事故应急预案。施工单位的资料有租赁合同、与安装单位的安全协议、施工单位安全事故应急预案）。建设主管部门收到资料后，对资料进行审查，如果资料齐全，符合要求，一般在 3～5 个工作日，在使用登记表上签署意见，

并将登记表返还给施工单位。施工单位收到登记表后，将登记标志置于或者附着于该设备的显著位置。如果审查没有通过，施工单位应按照要求补齐资料，重新申报。

第五节　施工升降机的施工作业安全管理

一、施工升降机各方主体应当履行的安全职责

（一）安装单位

（1）按照安全技术标准及建筑起重机械性能要求，编制建筑起重机械安装、拆卸工程专项施工方案，并由本单位技术负责人签字。

（2）按照安全技术标准及安装使用说明书等，检查建筑起重机械及现场施工条件，并对现场安拆施工条件提出书面指导意见书。

（3）组织安全施工技术交底，并签字确认。

（4）制定建筑起重机械安装、拆卸工程生产安全事故应急救援预案。

（5）将建筑起重机械安装、拆卸工程专项施工方案，安装、拆卸人员名单，安装、拆卸时间等材料，报施工总承包单位和监理单位审核后，告知工程所在地县级以上地方人民政府建设主管部门。

（6）安装单位应当按照建筑起重机械安装、拆卸工程专项施工方案及安全操作规程，组织安装、拆卸作业。

（7）安装单位的专业技术人员、专职安全生产管理人员应当进行现场监督，技术负责人应当定期巡查。

（8）建筑起重机械安装完毕后，安装单位应当按照安全技术标准及安装使用说明书的有关要求，对建筑起重机械进行自检、调试和试运转。自检合格的，应当出具自检合格证明，并向使用单位进行安全使用说明（这里的使用单位指承租单位）。

（9）建筑起重机械使用单位（产权单位）和安装单位应当在签订的建筑起重机械安装、拆卸合同中，明确双方的安全生产责任。

实行施工总承包的，施工总承包单位应当与安装单位签订建筑起重机械安装、拆卸工程安全协议书。

（二）产权单位（出租单位）

（1）建筑起重机械在使用过程中需要附着、顶升的，使用单位（产权单位）应当委托原安装单位或者具有相应资质的安装单位按照专项施工方案实施，验收合格后方可投入使用。

（2）出租单位、自购建筑起重机械的使用单位，应当建立建筑起重机械安全技术档案。

（3）禁止擅自在建筑起重机械上安装非原制造厂制造的标准节和附着装置。

（三）使用单位（承租单位）

（1）使用单位应当自建筑起重机械安装验收合格（经专业检测机构检测合格）之日起30日内，将建筑起重机械安装验收资料、建筑起重机械安全管理制度、特种作业人员名单等，向工程所在地县级以上地方人民政府建设主管部门办理建筑起重机械使用登记。登记标志应置于或者附着于该设备的显著位置。

（2）根据不同施工阶段、周围环境以及季节、气候的变化，对建筑起重机械采取相应的安全防护措施。

（3）制定建筑起重机械生产安全事故应急救援预案。

（4）在建筑起重机械活动范围内设置明显的安全警示标志，对集中作业区做好安全防护。

（5）设置相应的设备管理机构或者配备专职的设备管理人员。

（6）指定专职设备管理人员、专职安全生产管理人员进行现场监督检查。

（7）建筑起重机械出现故障或者发生异常情况的，应立即停止使用，消除故障和事故隐患后，方可重新投入使用。

（8）使用单位应当对在用的建筑起重机械及其安全保护装置进行经常性和定期的检查、维护和保养，并做好记录。

使用单位在建筑起重机械租期结束后，应当将定期检查、维护和保养记录移交出租单位。

建筑起重机械租赁合同对建筑起重机械的检查、维护、保养另有约定的，应符合从其约定。

（四）施工总承包单位

（1）向安装单位提供拟安装设备位置的基础施工资料，确保建筑起重机械进场安装、拆卸所需的施工条件。

（2）审核建筑起重机械的特种设备制造许可证、产品合格证、制造监督检验证明、备案证明等文件。

（3）审核安装单位、使用单位的资质证书、安全生产许可证和特种作业人员的特种作业操作资格证书。

（4）审核安装单位制定的建筑起重机械安装、拆卸工程专项施工方案和生产安全事故应急救援预案。

（5）审核使用单位制定的建筑起重机械生产安全事故应急救援预案。

（6）指定专职安全生产管理人员监督检查建筑起重机械安装、拆卸、使用情况。

（7）根据安装方案抽查阶段性的安装结果。

（五）监理单位

（1）审核建筑起重机械特种设备制造许可证、产品合格证、制造监督检验证明、备案证明等文件。

（2）审核建筑起重机械安装单位、使用单位的资质证书、安全生产许可证和特种作业人员的特种作业操作资格证书。

（3）审核建筑起重机械安装、拆卸工程专项施工方案。

（4）监督安装单位执行建筑起重机械安装、拆卸工程专项施工方案情况。

（5）监督检查建筑起重机械的使用情况。

（6）发现存在生产安全事故隐患的，应当要求安装单位、使用单位限期整改，对安装单位、使用单位拒不整改的，及时向建设单位报告。

（六）建设单位

对于安装单位、使用单位拒不整改生产安全事故隐患的，建设单位接到监理单位报告后，应当责令安装单位、使用单位立即停工整改。

（七）其他注意事项：

从安装到使用应经过三次验收及检测：(1) 安装完毕后由安装单位进行自检，并出具自检合格证明；(2) 产权单位（出租单位）委托具有相应资质的检验检测机构监督检验合格；(3) 使用单位（承租单位）组织出租、安装、监理等有关单位进行验收。

二、施工升降机施工作业的不安全影响因素及安全防护（控制）措施

（一）人的行为影响因素

1. 操作者

(1) 持证上岗：施工升降机操作司机为国家规定的特种作业人员，必须持有效的特种作业操作资格证方可上岗作业；(2) 超载运行；(3) 私自拆除限位装置；(4) 使用行程限位开关作为停止运行的控制开关［《建筑施工升降机安装、使用、拆卸安全技术规程》(JGJ 215—2010) 中第 5.2.10 条］；(5) 酒后上岗作业，工作时间与人闲谈［(JGJ 215—2010) 中第 5.2.8 条］；(5) 在工作期间司机擅自离开施工升降机，施工升降机未停到最底层，电源、笼门未上锁［(JGJ 215—2010) 中第 5.2.22 条］；(6) 运输融化沥青、强酸、强碱、溶液、易燃物品和其他特殊材料时，必须由有关技术部门做好风险评估和采取安全措施，且向施工升降机司机、相关作业人员书面交底后方可载运［(JGJ 215—2010) 中第 5.2.28 条］。

2. 乘坐者

(1) 超过额定成员数进入施工升降机；(2) 持过长材料进入施工升降机，打开笼顶限位或笼门限位，在运行过程中有可能高处坠物从天窗穿过伤人或笼门被甩开而造成乘坐者跌落；(3) 运行过程中将手或手持工具从笼门空隙伸到笼门外，造成与笼外架体或结构发生剐蹭而发生意外；(4) 乘坐者代替司机操作升降机。

（二）设备影响因素

(1) 辅助起重设备选用不合理，起重性能不能满足现场需要，将严重影响安装、拆卸过程的安全性。

(2) 汽车吊司机不了解现场情况，如地沟、暗井等。

(3) 笼顶把杆使用不当，造成安装、拆卸过程中把杆旋转剐蹭周围障碍物。

(4) 防坠安全器超过有效标定期。

(5) 安装完毕后，最顶部的标准节应卸掉齿条，谨防误操作造成冒顶事故。

(6) 附墙锚固件随意接长。

(7) 标准节螺栓要求从下往上串。

（三）环境影响因素

(1) 施工升降机运行通道内存在障碍物。

(2) 施工升降机基础周边排水不畅，或基础坐在没有夯实的回填土上。

(3) 施工升降机基础周边水平距离 5m 以内，不得开挖井、沟，不得堆放易燃易爆物品及其他杂物［(JGJ 215—2010) 中第 5.2.12 条］。

(4) 遇大雨、大雪、大雾或施工升降机顶部风速大于 20m/s 及导轨架、电缆表面结有冰层时，严禁使用施工升降机。

（四）安全防护措施

（1）施工升降机地面通道上方应搭设防护棚。防护棚两侧应沿栏杆架用密目式安全网封严，顶部采用5cm厚木板，长度应超出地面入口不少于2m，宽度应超出吊笼两侧各不少于1m，离地高度不应少于3m［（JGJ 215—2010）中第5.2.6条］。

（2）层门门栓宜设置在吊笼门一侧，且层门应处于常闭状态。未经施工升降机司机许可，严禁启闭层门。

（3）作业结束后应将施工升降机返回最底层存放，将各控制开关拨到零位，切断电源，锁好开关箱、吊笼门和地面围栏门［（JGJ 215—2010）中第5.2.34条］。

三、施工升降机的安全操作要求

（一）事故应急预案及作业区的安全防护

1. 事故应急预案

应急预案应包括下内容：

（1）编制目的、编制依据、适用范围及工作原则（如统一领导、分级管理、整合资源、信息共享等原则）。

（2）应急组织机构与职责。

（3）预防预警机制：1）信息监测；2）预警行动；3）预警级别发布。

（4）应急响应：1）应急响应级别；2）应急响应行动；3）信息报送与处理；4）指挥和协调；5）应急处置；6）信息发布；7）应急结束。

（5）善后处理。

（6）应急保障：1）人力资源保障；2）财力保障；3）交通运输保障；4）技术装备保障。

2. 作业区的安全防护

（1）必须将施工升降机额定载重量、额定乘员数标牌，置于吊笼醒目位置。

（2）在施工升降机作业范围内应设置明显的安全警示标志，对集中作业区应做好安全防护［（JGJ 215—2012）中第5.2条］。

（二）操作人员的安全操作要求

（1）电梯司机必须经专门安全技术培训，考试合格，持证上岗。严禁酒后作业。

（2）施工电梯每班首次运行时，必须空载及满载运行，梯笼升离地面1m左右停车，检查制动器灵敏性，然后继续上行楼层平台，检查安全防护门、上限位、前、后门限位，确认正常方可投入运行。

（3）电梯运行至最上层和最下层时仍应操纵按钮，严禁以行程限位开关自动碰撞的方法停机。

（4）作业后，将梯笼降到底层，各控制开关扳至零位，切断电源，锁好闸箱和梯门。

（三）乘坐人员的安全注意事项

（1）梯笼乘人、载物时必须使载荷均匀分布，严禁超载作业。

（2）楼层平台安全防护门必须向内开启设计，乘坐人员卸货后必须插好安全防护门。

（3）乘坐人员不得在梯笼运行过程中将手指或杂物从梯笼门缝隙伸到外边。

（四）物料运输中的安全操作要求

（1）安全吊杆有悬挂物时不得开动梯笼。

（2）载物时必须使载荷均匀分布，严禁超载作业。

第六节 施工升降机的施工现场日常检查和维修保养

一、施工升降机日常检查的内容和方法

（一）施工升降机安装前的检查

（1）施工升降机的地基、基础应满足使用说明书的要求。对基础设置在地下室顶板、楼面或其他下部悬空结构上的施工升降机，应对基础支撑结构进行承载力验算。施工升降机安装前应按《建筑施工升降机安装、使用、拆卸安全技术规程》（JGJ 215—2010）的附录A对基础进行验收，验收合格后方可进行安装。

（2）施工升降机安装前应对各部件进行检查。对有可见裂纹的构件应进行修复或更换，对有严重锈蚀、严重磨损、整体或局部变形的构件必须进行更换，符合产品标准的有关规定后方能进行安装。

（二）安装后使用前的检查验收

（1）施工升降机安装完毕且经调试后，安装单位应按《建筑施工升降机安装、使用、拆卸安全技术规程》（JGJ 215—2010）的附录B及使用说明书的有关要求，对安装质量进行自检，并向使用单位进行安全使用说明。

（2）安装单位自检合格后，应经有相应资质的检验检测机构监督检验；检验合格后，使用单位应组织租赁单位、安装单位和监理单位进行验收。实行施工总承包的，应由施工总承包单位组织验收。施工升降机的安装验收按《建筑施工升降机安装、使用、拆卸安全技术规程》（JGJ 215—2010）的附录C执行。

（3）经检验检测机构监督检验合格及使用单位或施工总承包单位组织验收合格，且取得使用证的施工升降机，方可交付使用。

（三）日常检查

日常维护保养亦称例行保养，是在设备运行前、后和运行过程中由设备操作人员进行的保养作业。

施工升降机每天每班开班之前应进行检查和维修保养，包括目测检查和功能测试，有严重情况的应报告有关人员进行停用、维修。检查和维修保养的情况应及时记入交接班记录，交接班记录表见《建筑施工升降机安装、使用、拆卸安全技术规程》（JGJ 215—2010）的附录D。

实行多班作业的施工升降机应执行交接班制度。交班司机应填写交接班记录表。接班司机应进行班前检查，确认无误后，方能开机作业。

日常检查一般应包括以下内容和要求：（1）检查线路电压是否符合额定值及其偏差范围；（2）检查外电源箱总开关、总接触器是否正常，机件有无漏电；（3）检查限位装置及机械电气联锁装置是否正常、灵敏可靠，警报系统是否正常；（4）检查上、下限位开关、极限开关、减速开关、急停开关是否安全可靠；（5）检查各部件连接螺栓有无松动，制动器性能是否良好，能否可靠制动；（6）检查金属结构的焊接点有无脱焊和开裂，附墙架固定是否牢靠；（7）检查停层过道是否平整，护栏是否齐全，所有标牌是否清晰、完整；（8）检查侧滚轮、背轮、上下滚轮部件的定位螺钉和紧固螺栓有无松动；（9）滚轮是否转动灵活，与导轨的间隙是否符合规定值0.2～0.5mm；（10）通过观察、倾听的方法检查

齿轮、齿条是否啮合正常；（11）检查对重运行区内有无障碍物，对重导轨及其防护装置是否正常完好；（12）检查对重钢丝绳有无损坏，其连接点是否牢固可靠；（13）检查围栏门和吊笼门机械电气联锁装置是否可靠，启闭自如；（14）检查吊笼运行区间有无障碍物，笼内是否保持清洁；（15）检查底笼围栏内、笼顶上是否有杂物，通道有无其他杂物堆放；（16）检查电缆是否完好无破损，电缆引导器是否可靠有效；（17）检查各传动、变速机构有无异响，减速机油位是否正常，有无渗漏现象；（18）通过触摸、测量的方法检查电机及减速机有无异常发热与噪声过大的情况；（19）检查润滑系统有无漏油、渗油现象；（20）经检查确认无误后，司机应将吊笼升离地面 1～2m，停车试验制动器的可靠性。当发现问题，应经修复合格后方能运行。

（四）周检查

（1）检查传动板螺栓，应该紧固良好。

（2）检查各润滑部位，应润滑良好。

（3）检查减速机润滑油，如有漏油或油液不足等情况，应及时补充润滑油。

（4）检查小齿轮、导轮及滚轮、齿条等运动部件紧固螺栓的紧固情况，保证紧固良好。

（五）月度检查

月度定期维护保养应以专业维修人员为主，设备操作人员配合。月度维护保养除按日常维护保养的内容和要求进行外，还应按照以下内容和要求进行：

1. 对施工升降机的承载部件

（1）检查标准节导轨架、附墙架、锚固件、对重导轨、各种连接螺栓、吊笼和基础支撑构件，是否有开裂、开焊、永久变形、油漆脱落、锈蚀、连接松弛、缺失或破坏等状况。

（2）检查滚轮轴支承架紧固螺栓是否可靠紧固。

（3）检查对重导向滚轮的紧固情况是否良好，天轮装置工作是否正常可靠，钢丝绳有无严重磨损和断丝。

（4）检查机械传动装置安装紧固螺栓有无松动，特别是提升齿轮副的紧固螺钉有否松动。

（5）检查附墙结构是否稳固，螺栓有无松动，表面防护是否良好，有无脱漆锈蚀，构架有无变形。

（6）检查电动机的散热片是否清洁，散热功能是否良好。

（7）检查减速机箱内油位是否降低等。

2. 对施工升降机的安全装置

（1）检查防坠安全器、各安全限位装置、警报系统、通信系统、安全钩、缓冲器、各防护围栏、总开关、急停开关、紧急逃离门、救生梯等装置是否工作正常及是否有明显破坏，检查吊笼门与围栏门的电气机械。

（2）检查吊笼门与围栏门的电气电气机械联锁装置，上、下限位装置，上、下极限限位装置，吊笼单行门、双行门联锁装置性能是否良好。

（3）检查试验制动器的制动力矩是否符合要求，当制动盘摩擦材料单面厚度磨损到接近 1mm 时必须更换制动盘。

（4）检查导轨架上的限位挡铁位置是否正确。

（5）检查转动零部件的外露部分的防护装置是否良好。

3. 对电缆和电缆导向装置

（1）检查电缆支承臂和电缆导向装置之间的相对位置是否正确。

（2）检查电缆导向装置弹簧功能是否正常，电缆有无扭曲、破坏。

（3）检查电缆收集筒是否固定可靠，电缆能否正确导入。

4. 对施工升降机的符号及标识牌

（1）检查施工升降机的铭牌、操作说明、安全标识、安全操作规程及警示牌是否设置在规定位置，内容是否清晰可见。

（2）检查操作台控制板上的标牌是否易于辨认。

5. 对齿轮齿条啮合

（1）通过观察、测量的办法，检查齿轮齿条啮合的情况是否正常，要求齿条应有90％以上的计算宽度参与啮合，且与齿轮的啮合侧隙应为0.2～0.5mm。

（2）检查齿条是否连接牢固，相邻标准节两齿条的对接处，沿齿高方向的阶差应不大于0.3mm，沿齿长方向的齿距偏差应不大于0.6mm。

6. 对导向轮及背轮连接及润滑

（1）检查导轮连接及润滑是否良好，导向是否灵活，有无明显倾侧现象。

（2）检查滚轮是否转动灵活，与导轨的间隙是否符合规定值0.2～0.5mm。

（3）检查背轮与齿条的间隙是否符合要求，其间隙以0.5mm为宜。

7. 对钢丝绳式（SS型）施工升降机的钢丝绳和连接件

（1）检查其是否有断裂、表面磨损、过度拉伸、受拉不均、扁压、扭结、弯折、笼状畸变、表面生锈或腐蚀现象。

（2）检查滑轮、钢丝绳端头、对重及其导向轮等相关组件的导向、润滑、连接是否良好。

8. 对施工升降机的电气系统

（1）首先肉眼检查机械控制面板外部是否有灰尘或者水汽进入。

（2）检查线路、管道、接线盒及密封体的绝缘性与密封性是否良好。

（3）检查电气系统的失压、零位保护、相序保护装置是否有效等。

（六）季度检查

季度维护保养除按月度维护保养的内容和要求进行外，还应按照以下内容和要求进行：

（1）检查导向滚轮的磨损情况。

（2）检查确认滚珠轴承是否良好，是否有严重磨损，调整与导轮之间的间隙。

（3）检查提升齿轮副的磨损情况，齿轮副磨损后相邻齿轮公法线长度、齿条不齿宽和得背轮外圈直径不得小于说明书的规定值。

（4）用塞尺检查蜗轮减速机的蜗轮磨损情况，其允许的最大磨损量不得大于1mm。

（5）进行一次1.25倍额定载重量的超载试验，确保制动器能安全可靠。

（6）进行不少于一次的额定载重量坠落试验，确保防坠安全器安全可靠。

（7）检查滚轮的磨损情况，调整滚轮与立管的间隙为0.2～0.5mm。

（8）检查电机和电路的绝缘电阻及电气设备金属外壳、金属结构的接地电阻在规定范围值内，保证电气使用的安全。

（七）年度检查

年度维护保养除按季度维护保养的内容和要求进行外，还应按照以下内容和要求进行：

（1）检查驱动电机和减速机、联轴器结合是否良好，传动是否安全可靠。

（2）检查电机与减速器之间联轴器的磨损情况，并及时更换减速机润滑油。

（3）检查悬挂对重的天轮装置是否牢固可靠，天轮轴承磨损程度，必要时应予以更换。

（4）复核防坠安全器的出厂日期，对超过标定年限的，应通过具有相应资质检测机构进行重新标定，合格后方可使用。

（5）由专业技术人员对电动机制动器进行适当调整，并进行一次1.25倍额定载重量的超载试验，确保调整后的制动器能安全可靠。

（6）进行不少于一次的额定载重量坠落试验，确保防坠安全器安全可靠，在进入新的施工现场使用前应按规定对防坠安全器进行坠落试验。

（7）全面检查各零部件，进行科学的保养，必要时更换损坏的零部件。

（八）施工升降机的润滑

施工升降机安装以后，应按产品使用说明书的要求进行润滑；说明书没有明确规定的，使用40h清洗并更换减速箱内的润滑油，以后每隔半年更换一次。减速箱的润滑油应按铭牌上的标注进行润滑。其他零部件的润滑，应结合日检、周检、月检、季检、年检进行润滑。各主要零部件的润滑应按产品说明书的要求进行，当生产厂无特殊要求时，可参照以下说明进行：

（1）SC型施工升降机主要零部件的润滑周期、部位和润滑方法见表2-6-1。

（2）SS型施工升降机主要零部件的润滑周期、部位和润滑方法见表2-6-2。

SC型施工升降机主要零部件的润滑周期、部位和润滑方法表　　表2-6-1

周期	润滑部位	润滑剂	润滑方法
每月	减速箱	N320蜗轮润滑油	检查油位，不足时加注
	齿条	2号钙基润滑脂	上润滑脂时停机停用2～3h待凝结
	安全器	2号钙基润滑脂	油嘴加注
	对重轮	钙基润滑脂	加注
	导轨架导轨	钙基润滑脂	刷涂
	门滑道、门对重滑道	钙基润滑脂	刷涂
	对重导向轮、滑道	钙基润滑脂	刷涂
	滚轮	2号钙基润滑脂	油嘴加注
	背轮	2号钙基润滑脂	油嘴加注
	门导轮	20号齿轮油	滴注

续表

周期	润滑部位	润滑剂	润滑方法
每季度	电机制动器锥套	20号齿轮油	滴注，切勿滴到摩擦盘上
	钢丝绳	沥青润滑脂	刷涂
	天轮	钙基润滑脂	油嘴加注
每年	减速箱	N320 蜗轮润滑油	清洗、换油

SS型施工升降机主要零部件的润滑周期、部位和润滑方法表　　表 2-6-2

周期	润滑部位	润滑剂	润滑方法
每周	滚轮	钙基润滑脂	涂抹
	导轨架导轨	钙基润滑脂	涂抹
每月	减速箱	30号机油（夏季） 20号机油（冬季）	检查油位，不足时加注
	轴承	ZC-4 润滑脂	加注
	钢丝绳	润滑脂	涂抹
每年	减速箱	30号机油（夏季） 20号机油（冬季）	清洗、换油
	轴承	ZC-4 润滑脂	清洗、换油

（九）施工升降机常见故障和排除方法

施工升降机在使用过程中发生故障的原因很多，主要是因为工作环境恶劣、维护保养不及时、操作人员违章作业、零部件自然磨损等多方面原因。施工升降机发生异常时，操作人员应立即停止作业，及时向有关部门报告，以便于及时处理，消除隐患，恢复正常工作。

施工升降机常见的故障一般分为电气故障和机械故障两大类。

1. 电气故障的查找基本程序

维修人员在对施工升降机进行检查维修时，一般应遵循以下基本程序，以便于尽快查找故障，确保检修人员安全。

（1）在诊断电气系统故障前，维修人员应认真熟悉电气原理图，了解电气元器件的结构与功能，并应对以下事项进行确认：

1）确认吊笼处于停机状态，代量控制线路未被断开。

2）确认防坠安全器微动开关、吊笼门开关、围栏门开关等安全装置的触头处于闭合状态。

3）确认紧急停机按钮及停机开关和加节转换开关未被按下。

4）确认上、下限位开关完好，动作无误。

（2）确认地面电源箱内主开关闭合，箱内主接触器已经接通。

（3）检查输出电缆并确认已通电，确认从配电箱至施工升降机电气控制箱电缆完好。

（4）确认吊笼内电气控制箱电源已接通。

（5）将电压表连接在零位端子和电气原理图上所标明的端子之间，检查需通电的部位应确认已有电，分端子逐步测试，以排除法找到故障位置。

（6）检查操纵按钮和控制装置发出的“上”、“下”指令（电压），确认已被正确地送到电气控制箱。

（7）试运行吊笼，确保上、下运行主接触器的电磁线圈通电启动，确认制动接触器被启动，制动器动作。

在上述过程中查找存在问题和故障。针对照明等其他辅助电路时，也可按上述程序进行故障检查。

2. 施工升降机常见电气故障及排除方法

（1）SC型施工升降机常见电气故障现象、故障原因及排除方法见表2-6-3。

（2）SS型施工升降机常见电气故障现象、故障原因及排除方法见表2-6-4。

SC型施工升降机常见电气故障现象、故障原因及排除方法表　　表2-6-3

序号	故障现象	故障原因	故障诊断与排除
1	电源总开关合闸即跳	电路内部损伤、短路或相线对地短接	找出电路短路或接地的位置，修复或更换
2	断路器跳闸	① 电缆、限位开关损坏； ② 电路短路或对地短接	更换损坏电缆、限位开关
3	升降机突然停机或不能启动	① 停机电路及限位开关被启动； ② 断路器启动	① 释放“紧急按钮”； ② 恢复热继电器功能； ③ 恢复其他安全装置
4	启动后吊笼不运行	联锁电路开路（参见电气原理图）	① 关闭门或释放“紧急按钮”； ② 查200V联锁控制电路
5	电源正常，主接触器不吸合	① 有个别限位开关未复位； ② 相序接错； ③ 元件损坏或线路开路断路	① 复位限位开关； ② 相序重新连接； ③ 更换元件或修复线路
6	电机启动困难，并有异响声	① 电机制动器未打开或无直流电压（整流元件损坏）； ② 严重超载； ③ 供电电压远低于360V	① 恢复制动器功能（调整工作间隙）或恢复直流电压（更换元件）； ② 减少吊笼载荷； ③ 待供电压恢复至380V再工作
7	运行时，上、下限位开关失灵	① 上、下限位开关损坏； ② 上、下限位碰块移位	① 更换上、下限位开关； ② 恢复上、下限位碰块位置
8	操作时动作不稳定	① 线路接触不好或端接线松动； ② 接触器粘连或复位受阻	① 恢复线路接触性能紧固端接线； ② 修复或更换接触器
9	吊笼停机后可重新启动，但随后再次停机	① 控制装置（按钮、手柄）接触不良； ② 门限位开关与挡板错位	① 修复或更换控制装置（按钮、手柄）； ② 恢复门限位开关挡板位置
10	吊笼上、下运行时有自停现象	①上、下限位开关接触不良或损坏；②严重超载；③控制装置（按钮、手柄）接触不良或损坏	① 恢复或更换上、下限位开关； ② 减少吊笼载荷； ③ 修复或更换控制装置（按钮、手柄）
11	接触器易烧毁	供电电源压降太大，启动电流过大	①缩短供电电源与施工升降机的距离； ② 加大供电电缆截面
12	电机过热	①制动器工作不同步；②长时间严重超载运行；③供电电压过低	① 调整或更换制动器； ② 减少吊笼载荷； ③ 调整供电电压

SS型施工升降机常见电气故障现象、故障原因及排除方法表 **表 2-6-4**

序号	故障现象	故障原因	故障诊断与排除
1	电源总开关合闸即跳	电路内部损伤、短路或相线对地短接	找出电路短路或接地的位置，修复或更换
2	电源正常，主接触器不吸合	① 有个别限位开关没复位； ② 相序接错； ③ 元件损坏或线路开路断路	① 复位限位开关； ② 相序重新连接； ③ 更换元件或修复线路
3	按钮置于上、下运行位置，交流接触器不动作	① 限位开关未复位； ② 操作按钮线路断路	① 复位限位开关； ② 修复操作按钮线路
4	电机启动困难，并有异响声	① 电机制动器未打开或无直流电压（整流元件损坏）； ② 严重超载； ③ 供电电压远低于 360V	① 恢复制动器功能（调整工作间隙）或恢复直流电压（更换元件）； ② 减少吊笼载荷； ③ 待供电压恢复至 380V 再工作
5	上、下限位开关不起作用	① 上、下限位开关损坏； ② 限位架和限位碰块移位； ③ 交流接触器触点粘连	① 更换上、下限位开关； ② 恢复限位架和限位位置； ③ 修复或更换接触器
6	电路正常，但操作有时动作正常，有时不正常	① 线路接触不好或虚接； ② 制动器未彻底分离	① 修复线路； ② 调整制动器间隙
7	吊笼不能正常起升	① 供电电压低于 360V 或供电阻抗过大； ② 超载或超高	① 暂停作业，恢复供电电压至 380V； ② 减少吊笼荷载，下降吊笼
8	制动器失效	电气线路损坏	修复电气线路
9	制动器制动臂不能张开	① 电源电压低或电气线路故障； ② 衔铁之间连接定位件损坏或位置变化，造成衔铁运动受阻，推不开制动弹簧； ③ 电磁衔铁铁芯之间间隙过大，造成吸力不足； ④ 电磁衔铁铁芯之间间隙过小，造成衔铁与铁芯撞击、损坏部件	① 恢复供电电压至 380V，修复电气线路； ② 调整电磁衔铁铁芯之间间隙
10	制动器电磁铁合闸时间迟缓	① 继电器常开触点有粘连现象； ② 卷扬机制动器没有调好	① 更换触点； ② 调整制动器

3. 变频器常见故障及排除方法

当发生故障时，变频器故障保护继电器动作，检测出故障事项，并在数字操作器上显示该故障内容，可根据产品使用说明书对照相应内容和处置方法进行检查维修。

4. 施工升降机常见机械故障及排除方法

由于机械零部件磨损、变形、断裂、卡塞、润滑不良以及相对位置不正确等，造成机械系统不能正常运行，统称为机械故障。机械故障一般比较明显、直观，容易判断。

（1）SC 型施工升降机常见机械故障现象、故障原因及排除方法见表 2-6-5。

（2）SS 型施工升降机常见机械故障现象、故障原因及排除方法见表 2-6-6。

SC 型施工升降机常见机械故障现象、故障原因及排除方法表　　表 2-6-5

序号	故障现象	原因所在	故障诊断与解决
1	吊笼运行时振动过大	① 导向滚轮联结螺栓松动； ② 齿轮、齿条啮合间隙过大或缺少润滑； ③ 导向滚轮与背轮间隙过大	① 紧固导向滚轮螺栓； ② 调整齿轮、齿条啮合间隙或添注润滑脂（油）； ③ 调整导向滚轮与背轮的间隙
2	吊笼启动或停止运行时有跳动	① 电机制动力矩过大； ② 电机与减速箱联轴节内橡胶块损坏	① 重新调整电机制动力矩； ② 更换联轴节内橡胶块
3	吊笼运行时有电机跳动现象	① 电机固定装置松动； ② 电机橡胶垫损坏或失落； ③ 减速箱与传动板连接螺栓松动	① 紧固电机固定装置； ② 更换电机橡胶垫； ③ 紧固减速箱与传动板连接螺栓
4	吊笼运行时有跳动现象	① 导向架对接阶差过大； ② 齿条螺栓松动，对接阶差过大； ③ 齿轮严重磨损	① 调整导向架对接； ② 紧固齿条螺栓，调整对接阶差； ③ 更换齿轮
5	吊笼运行时有摆动现象	① 导向滚轮连接螺栓松动； ② 支撑板螺栓松动	① 紧固导向滚轮连接螺栓； ② 紧固支撑板螺栓
6	吊笼启动、制动时振动过大	① 电机制动力矩过大； ② 齿轮、齿条啮合间隙不当	① 调整电机制动力矩； ② 调整齿轮、齿条啮合间隙
7	制动块磨损过快	制动器止退轴承内润滑不良，不能同步工作	润滑或更换轴承
8	制动器噪声过大	① 制动器止退轴承损坏； ② 制动器转动盘摆动	① 更换制动器止退轴承； ② 调整或更换制动器转动盘
9	减速箱蜗轮磨损过快	① 润滑油品型号不正确或未按时更换； ② 蜗轮、蜗杆中心距偏移	① 更换润滑油品； ② 调整蜗轮、蜗杆中心距

SS 型施工升降机常见机械故障现象、故障原因及排除方法表　　表 2-6-6

序号	故障现象	原因所在	故障诊断与解决
1	上、下限位开关不起作用	① 上、下限位开关损坏； ② 限位架和限位碰块移位	① 更换上、下限位开关； ② 恢复限位架和限位碰块位置
2	吊笼不能正常起升	① 冬季减速箱润滑油太稠太多； ② 制动器未彻底分离； ③ 超载或超高； ④ 停靠装置插销伸出挂到架体	① 更换润滑油； ② 调整制动器间隙； ③ 减少吊笼荷载，下降吊笼； ④ 恢复插销位置

续表

序号	故障现象	原因所在	故障诊断与解决
3	吊笼不能正常下降	① 断绳保护装置误动作； ② 摩擦副损坏	① 修复断绳保护装置； ② 更换摩擦副
4	制动器失效	① 制动器各运动部件调整不当； ② 机构损坏，使运动受阻； ③ 制动衬料或制动轮磨损严重，制动衬料或制动块连接铆钉露头	① 修复或更换制动器； ② 更换制动衬料或制动轮
5	制动器制动力矩不足	① 制动器制动衬料或制动轮之间有油垢； ② 制动弹簧过松； ③ 活动铰链处有卡滞或有磨损过甚的零件； ④ 锁紧螺母松动，引起调整用的横杆松脱； ⑤ 制动器制动衬料或制动轮之间的间隙过大	① 清理油垢； ② 更换弹簧； ③ 更换失效零件； ④ 紧固锁紧螺母； ⑤ 调整制动器制动衬料或制动轮之间的间隙
6	制动器制动轮温度过高，制动块冒烟	① 制动轮径向跳动严重超差； ② 制动弹簧过紧，电磁松闸器存在故障而不能松闸或松闸不到位； ③ 制动器机件磨损，造成制动衬料或制动轮之间位置错误； ④ 铰链卡死	① 修复制动轮与轴的配合； ② 调整松紧螺母； ③ 更换制动器机件； ④ 修复
7	制动器制动臂不能张开	① 制动弹簧过紧，造成制动力矩过大； ② 制动器制动块或制动轮之间有污垢而形成粘连现象	① 调整松紧螺母； ② 清理污垢
8	吊笼停靠时有下滑现象	① 卷扬机制动器摩擦片磨损过大； ② 卷扬机制动器摩擦片、制动轮沾油	① 更换摩擦片； ② 清理油垢
9	正常工作时断绳保护装置动作	制动块（钳）压得太紧	调整制动块滑动间隙
10	吊笼运行时有抖动现象	① 导轨上有杂物； ② 滚轮（导靴）和导轨间隙过大	① 清理杂物； ② 调整间隙

二、施工升降机日常维修保养的注意事项

施工升降机投入使用后，使用单位对设备应及时进行检查、清洁、润滑、防腐以及对部件的更换、调试、紧固和位置、间隙的调整等维修保养工作。为了使施工升降机经常处于完好状态和安全运转状态，避免和消除在运转中可能出现的故障，提高施工升降机的使用寿命，使用单位应在施工升降机使用期间安排足够的设备保养、维修时间。在进行施工升降机的日常维修保养作业时，应该注意以下事项：

（1）在维修保养作业过程中，应切断施工升降机的电源，拉下吊笼内的极限开关，防止吊笼被意外启动或发生触电事故；

（2）在维修保养作业过程中，不得承载无关人员或装载物料，同时应悬挂检修停用警示牌，禁止无关作业人员进入检修区域内；

（3）进行维修保养作业时，应设置监护人员，随时注意作业现场的工作状况，防止安全事故发生；

（4）维修保养人员必须戴安全帽，高处作业时应穿防滑鞋，系安全带；

（5）检查基础或吊笼底部维修保养作业时，应首先检查制动器是否安全可靠，同时切断电机电源，拉下吊笼内的极限开关，还应将吊笼用方木支起等措施，防止吊笼或对重突然下降伤害作业人员；

（6）施工升降机需通电检修的，应做好防护措施；

（7）所用的照明行灯必须采用36V以下的安全电压，并检查行灯导线、防护罩，确保照明灯具使用安全；

（8）严禁夜间或酒后进行维修保养作业；

（9）维修保养后的施工升降机应进行试运转，确认一切正常后，方可投入使用。

第三章　物料提升机

第一节　概　　述

一、物料提升机的发展概况

按照《龙门架及井架物料提升机安全技术规范》（JGJ 88）的定义，物料提升机是指起重量在2000kg以下，以地面卷扬机为牵引动力，由底架、立柱及天梁组成架体，吊笼沿导轨升降运动，垂直输送物料的起重设备。

物料提升机是建筑施工现场常用的一种输送物料的垂直运输设备。它以卷扬机为动力，以底架、立柱及天梁为架体，以钢丝绳为传动，以吊笼（吊篮）为工作装置，在架体上装设滑轮、导轨、导靴、吊笼、安全装置等和卷扬机配套构成完整的垂直运输体系。物料提升机构造简单，用料品种和数量少，制作容易，安装拆卸和使用方便，价格低，是一种投资少、见效快的装备机具。在《施工升降机》（GB/T 10054）中将物料提升机纳入钢丝绳式货用施工升降机的范畴。

二、物料提升机的常见种类及基本构造原理

（一）常见种类

根据物料提升机的结构形式的不同，可以分成龙门架式和井架式两大类；根据驱动方式，可分为卷扬式和曳引式两类；根据高度不同，也可以分为高架体和低架体。

1. 龙门式物料提升机

吊笼以设置在地面的卷扬机为动力，由两侧立柱和天梁构成门架式架体，吊笼在两立柱间以立柱为轨道（或依附于立柱的轨道）作垂直运动。

2. 井架式物料提升机

吊笼以设置在地面的卷扬机为动力，由型钢组成井字形架体，吊笼在井孔内部（或架体外侧）沿轨道作垂直运动。

3. 卷扬式物料提升机

电机通过减速器驱动钢丝绳卷筒缠绕钢丝绳驱动吊笼沿轨道垂直运行。现在有些生产厂家将卷扬机直接放置在导轨架的根部，减少了钢丝绳在地面上的水平铺设。

4. 曳引式物料提升机

通过曳引轮带动钢丝绳，使吊笼沿沿轨道垂直运行的方式。该方式应用较少，由于其依靠摩擦力作为动力，在施工现场不易采用。

5. 高架体提升机

一般讲高度在30m以上的物料提升机称为高架提升机。

6. 低架体提升机

一般讲高度在30m以下（含30m）的物料提升机称为低架提升机。

（二）物料提升机的构造及原理

物料提升机由吊笼、架体、传动机构、附着装置、安全保护装置和电器控制装置组成。

1. 架体

架体的主要构件有底架、立柱、导轨和天梁。

（1）底架

架体的底部设有底架，用于立柱和基础的连接。

（2）立柱

由型钢或钢管焊接组成，用于支承天梁的结构件，可为单立柱、双立柱或多立柱。立柱可由标准节组成，也可由杆件组成，其断面可组成三角形、方形。当吊笼在立柱之间，立柱与天梁组成的龙门形状时，称为龙门架式；当吊笼在立柱的一侧或两侧时，立柱与天梁组成井字形状时，称为井架式。

（3）导轨

导轨是为吊笼提供导向的部件，可用工字钢或钢管。导轨可固定在立柱上，也可直接用立柱主肢作为吊笼垂直运行的导轨。

（4）天梁

安装在架体顶部的横梁是主要的受力构件，承受吊笼（吊篮）自重及所吊物料重量。天梁应使用型钢，其截面高度应经计算确定，但不得小于 2 根 14 号槽钢。

2. 提升与传动机构

（1）卷扬机

卷扬机是物料提升机主要的提升机构。不得选用摩擦式卷扬机。所用卷扬机应符合《建筑卷扬机》（GB/T 1955）的规定，并且能够满足额定起重量、提升高度、提升速度等参数的要求。在选用卷扬机时，宜选用可逆式卷扬机。

卷扬机卷筒应符合下列要求：卷筒边缘外周至最外层钢丝绳的距离应不小于钢丝绳直径的 2 倍，且应有防止钢丝绳滑脱的保险装置；卷筒与钢丝绳直径的比值应不小于 30。

（2）滑轮与钢丝绳

装在天梁上的滑轮称为天轮，装在架体底部的滑轮称为地轮。钢丝绳通过天轮、地轮及吊篮上的滑轮穿绕后，一端固定在天梁的销轴上，另一端与卷扬机卷筒锚固。滑轮按钢丝绳的直径选用。

（3）导靴

导靴是安装在吊笼上沿导轨运行的装置，可防止吊笼运行中偏移或摆动，保证吊笼垂直上下运行。

（4）吊笼（吊篮）

吊笼（吊篮）是装载物料沿提升机导轨作上下运行的部件。吊笼（吊篮）的两侧应设置高度不小于 100cm 的安全挡板或挡网。

3. 附墙架

为保证提升机架体的稳定性而连接在物料提升机架体立柱与建筑结构之间的钢结构。附墙架的设置应符合下列要求：

（1）非附墙架钢材与建筑结构的连接应进行设计计算，附墙架与立柱及建筑物连接时应采用刚性连接，并形成稳定结构；

（2）附墙架的材质应达到《碳素结构钢》（GB/T700）的要求，不得使用木杆、竹竿等做附墙架与金属架体连接；

（3）附墙架的设置应符合设计要求，其间隔不宜大于9m，且在建筑物的顶层宜设置1组，附墙后立柱顶部的自由高度不宜大于6m。

4. 缆风绳

缆风绳是为保证架体稳定而在其四个方向设置的拉结绳索，所用材料为钢丝绳。缆风绳的设置应当满足以下条件：

（1）缆风绳应经计算确定，直径不得小于9.3mm；按规范要求当钢丝绳用作缆风绳时，其安全系数为3.5（计算主要考虑风载）；

（2）高架物料提升机在任何情况下均不得采用缆风绳；

（3）提升机高度在20m（含20m）以下时，缆风绳不少于1组（4～8根）；提升机高度在20～30m时不少于2组；

（4）缆风绳应在架体四角有横向缀件的同一水平面上对称设置；

（5）缆风绳的一端应连接在架体上，对连接处的架体焊缝及附件必须进行设计计算；

（6）缆风绳的另一端应固定在地锚上，不得随意拉结在树上、墙上、门窗框上或脚手架上等；

（7）缆风绳与地面的夹角不应大于60°，应以45°～60°为宜；

（8）当缆风绳需改变位置时，必须先做好预定位置的地锚并加临时缆风绳，确保提升机架体的稳定，方可移动原缆风绳的位置；待与地锚拴牢后，再拆除临时缆风绳。

5. 地锚

地锚的受力情况、埋设的位置如何都直接影响着缆风绳的作用，常常因地锚角度不够或受力达不到要求发生变形，造成架体歪斜甚至倒塌。在选择缆风绳的锚固点时，要视其土质情况，决定地锚的形式和做法。

三、物料提升机的安全保护装置

（一）物料提升机的安全保护装置

物料提升机的安全保护装置主要包括：安全停靠装置、断绳保护装置、载重量限制装置、上极限限位器、下极限限位器、吊笼安全门、缓冲器和通信信号装置等，见《龙门架及井架物料提升机安全技术规范》（JBJ 88）。

1. 安全停靠装置

当吊笼停靠在某一层时，能使吊笼稳妥地支靠在架体上的装置。防止因钢丝绳突然断裂或卷扬机抱闸失灵时吊篮坠落。其装置有制动和手动两种，当吊笼运行到位后，由弹簧控制或人工搬动，使支承杆伸到架体的承托架上，其荷载全部由承托架负担，钢丝绳不受力。当吊笼装载125％额定载重量，运行至各楼层位置装卸荷载时，停靠装置应能将吊笼可靠定位。

2. 断绳保护装置

吊笼装载额定载重量，悬挂或运行中发生断绳时，断绳保护装置必须可靠地把吊笼刹止在导轨上，最大制动滑落距离应不大于1m，并且不应对结构件造成永久性损坏。

3. 载重量限制装置

当提升机吊笼内载荷达到额定载重量的90%时，应发出报警信号；当吊笼内载荷达到额定载重量的100%～110%时，应切断提升机工作电源。

4. 上极限限位器

上极限限位器应安装在吊笼允许提升的最高工作位置，吊笼的越程（指从吊笼的最高位置与天梁最低处的距离）应不小于3m。当吊笼上升达到限定高度时，限位器即行动作切断电源。

5. 下极限限位器

下极限限位器应能在吊笼碰到缓冲装置之前动作。当吊笼下降至下限位时，限位器应自动切断电源，使吊笼停止下降。

6. 吊笼安全门

吊笼的上料口处应装设安全门。安全门宜采用连锁开启装置。安全门连锁开启装置，可为电气连锁，如果安全门未关，可造成断电，提升机不能工作。也可为机械连锁，吊笼上行时安全门自动关闭。

7. 缓冲器

缓冲器应装设在架体的底坑里，当吊笼以额定荷载和规定的速度作用到缓冲器上时，应能承受相应的冲击力。缓冲器的形式可采用弹簧或弹性实体。

8. 通信信号装置

信号装置是由司机控制的一种音响装置，其音量应能使各楼层使用提升机装卸物料人员清晰听到。当司机不能清楚地看到操作者和信号指挥人员时，必须加装通信装置。通信装置必须是一个闭路的双向电气通信系统，司机和作业人员能够相互联系。

（二）安全保护装置的设置

（1）低架物料提升机应当设置安全停靠装置、断绳保护装置、上极限限位器、下极限限位器、吊笼安全门和信号装置。

（2）高架物料提升机除了应当设置低架物料提升机应当设置的安全保护装置外，还应当设置载重量限制装置、缓冲器和通信信号，见《龙门架及井架物料提升机安全技术规范》（JBJ 88）。

四、物料提升机的安装与拆卸

1. 安装前的准备

（1）根据施工要求和场地条件，并综合考虑发挥物料提升机的工作能力，合理确定安装位置。

（2）做好安装的组织工作。包括安装作业人员的配备，高处作业人员必须具备高处作业的业务素质和身体条件。

（3）按照说明书的基础图制作基础。

（4）基础养护期应不少于7d，基础周边5m内不得挖排水沟。

2. 安装前的检查

（1）检查基础的尺寸是否正确，地脚螺栓的长度、结构、规格是否正确，混凝土的养护是否达到规定时间，水平度是否达到要求（用水平仪进行验证）。

（2）检查提升卷扬机是否完好，地锚拉力是否达到要求，刹车开、闭是否可靠，电压是否在380V±5%之内，电机转向是否合乎要求。

（3）检查钢丝绳是否完好，与卷扬机的固定是否可靠，特别要检查全部架体达到规定高度时，在全部钢丝绳输出后，钢丝绳长度是否能在卷筒上保持至少 3 圈。

（4）各标准节是否完好，导轨、导轨螺栓是否齐全、完好，各种螺栓是否齐全、有效，特别是用于紧固标准节的高强度螺栓数量是否充足；各种滑轮是否齐备，有无破损。

（5）吊笼是否完整，焊缝是否有裂纹，底盘是否牢固，顶棚是否安全。

（6）断绳保护装置、重量限制器等安全防护装置应事先进行检查，确保安全、灵敏、可靠无误。

3. 安装与拆卸

井架式物料提升机的安装，一般按以下顺序：将底架按要求就位→将第一节标准节安装于标准节底架上→提升抱杆→安装卷扬机→利用卷扬机和抱杆安装标准节→安装导轨架→安装吊笼→穿绕起升钢丝绳→安装安全装置。物料提升机的拆卸，按安装架设的反程序进行。

五、安全使用和维修保养

1. 物料提升机的安全使用

（1）建立物料提升机的使用管理制度，物料提升机应有专职机构和专职人员管理。

（2）组装后应进行验收，并进行空载、动载和超载试验。

1）空载试验：即不加荷载，只将吊篮按施工中各种动作反复进行，并试验限位灵敏程度。

2）动载试验：即按说明书中规定的最大荷载进行动作运行。

3）超载试验：一般只在第一次使用前，或经大修后按额定后载荷的 125%逐渐加荷进行。

（3）物料提升机司机应经专门培训，人员要相对稳定，每班开机前应对卷扬机、钢丝绳、地锚、缆风绳进行检验，并进行空车运行。

（4）严禁载人。物料提升机主要是运送物料的，在安全装置可靠的情况下，装卸料人员才能进入到吊篮作业，严禁各类人员乘吊篮升降。

（5）禁止攀登架体和从架体下面穿越。

（6）司机在通信联络信号不明时不得开机。作业中不论任何人发生紧急停车信号，司机应立即执行。

（7）缆风绳不得随意拆除。凡需临时拆除的，应先行加固，待恢复缆风绳后方可使用升降机。如缆风绳改变位置，要重新埋设地锚，待新缆风拴好后原来的缆风方可拆除。

（8）严禁超载运行。

（9）司机离开时，应降下吊篮并切断电源。

2. 物料提升机的维修保养

（1）建立物料提升机的维修保养制度。

（2）使用过程中要定期检修。

（3）除定期检查外，提升机必须做好日常检查工作。日常检查应由司机在每班前进行，主要内容有：

1）附墙杆与建筑物连接有无松动，或缆风绳与地锚的连接有无松动；

2）空载提升吊篮做一次上下运动，查看运行是否正常，同时验证各限位器是否灵敏可靠及安全门是否灵敏完好；

3）在额定荷载下，将吊篮提升至离地面1～2m高处停机，检查制动器的可靠性和架体的稳定性；

4）卷扬机各传动部件的连接和紧固情况是否良好。

(4) 保养设备必须在停机后进行，禁止在设备运行中以及擦洗、注油等工作。如需重新在卷筒上缠绳时，必须两人操作，一人开机一人扶绳，相互配合。

(5) 司机在操作中要经常注意传动机构的磨损，发现磨绳、滑轮磨偏等问题，要及时向有关人员报告并及时解决。

(6) 架体与轨道发生变形必须及时维修。

第二节　物料提升机进场查验

一、物料提升机进场查验的基本方法

(一) 对供应方（租赁方）的产品考察

物料提升机进场时，项目经理应组织有关人员进行查验：物料提升机现场采购、租赁的物料提升机及配件，必须具有生产（制造）许可证、产品合格证，并在进入施工现场前进行查验。

物料提升机及配件必须专人管理。按照制造厂家的对应该设备编号的使用说明书及有关技术文件的要求，定期进行检查、维修及保养。建立相应的资料档案，并按照国家有关规定及时报废。

(二) 进场查验的组织

物料提升机进场时，项目经理应组织技术、安全、机管等有关人员进行查验，查验内容至少必须包括：检查产品制造许可证、产品合格证、使用说明书、产权备案证、安拆单位资质及特种作业人员证件，核定安拆方案。

(三) 进场查验的原则及主要内容

(1) 检查产品实物是否与装箱单一致。

(2) 检查安全装置：是否有超载保护器、上下限位开关、极限开关、急停开关、缓冲器。

(3) 检查传动机构：减速机、电机是否完好，减速机是否漏油，电机制动器的磨损情况是否符合要求，钢丝绳是否完好。

(4) 检查电气、电缆是否完好。

(5) 检查吊笼、标准节、附墙架、底盘等应为原厂制作，结构无明显变形、无开焊、无裂纹、无严重锈蚀，吊笼门应开启灵活。

(6) 检查安拆工具是否完整、良好。

二、物料提升机常见安全隐患的辨识

(一) 结构件安全隐患的辨识

(1) 检查预埋结构件的焊缝无明显缺陷，外观无明显变形，无严重锈蚀。

(2) 检查标准节无明显变形，无严重锈蚀，焊缝无漏焊，连接螺栓必须紧固。

(3) 检查吊笼无明显变形，无严重锈蚀，焊缝无漏焊。检查进出门是否灵活，防坠安

全装置操纵轻便、安装牢固，检查所有滚轮螺栓紧固。

(4) 检查附墙架的焊缝无明显缺陷，外观无明显变形，无严重锈蚀。

(5) 检查天轮及对重的焊缝无明显缺陷，外观无明显变形，无严重锈蚀，检查各滚轮、绳轮转动灵活。

(二) 机构装置安全隐患的辨识

检查传动机构的传动架和大板无明显变形，减速机油位正常，油的型号符合要求，减速机无漏油，齿轮完好，电机制动器正常，防冲顶开关可靠。

带对重升降机还要检查钢丝绳无明显缺陷。

第三节 物料提升机的施工现场安装和拆卸

一、安装和拆卸工程专项施工方案的编制

(一) 安装和拆卸工程专项施工方案的编制

安装作业前，安装单位应编制施工升降机安装、拆卸工程专项施工方案，由安装单位技术负责人签字后，安装、拆卸时间等材料报施工总承包单位或使用单位、监理单位审核，并告知工程所在地县级以上建设行政主管部门。

二、物料提升机的安装作业程序

(一) 安装前的准备工作

1. 安全施工技术交底

(1) 物料提升机安装、拆卸工程专项施工方案须经安装单位技术负责人签字，并经施工总承包单位或使用单位、监理单位审核，告知工程所在地县级以上建设行政主管部门。

(2) 安装单位组织所有作业人员进行安全施工技术交底，并签字确认。

(3) 使用单位在物料提升机活动范围内设置明显的安全警示标志，对集中作业区做好安全防护。

(4) 使用单位指定专职设备管理人员、专职安全生产管理人员进行现场监督检查。

2. 检查安装场地及施工现场环境条件

(1) 安装单位按照安装、拆卸工程专项施工方案及有关标准，检查物料提升机及现场施工条件。

(2) 使用单位根据不同施工阶段、周围环境以及季节气候的变化，对物料提升机采取相应的安全防护措施。

(3) 工地应具备运输和堆置升降机零件的通道及场地。

(4) 工地应按施工方案的技术要求至少提前1周制作好基础，以及准备一些2～12mm厚的钢垫片，用来垫入底盘，调整导轨架垂直度。

(5) 根据现场情况，按有关技术文件的要求，确定附墙架与建筑物连接方案，准备好预埋件或固定件等。

(6) 根据现场情况，按有关标准及技术要求，制作站台层门、过桥板、安全栏杆等。

(7) 安装工地应具备能量足够的电源，并必须配备一个专供物料提升机使用的电源箱，每个吊笼均应由一个开关控制。供电熔断器的电流参见施工升降机安装、拆卸工程专项施工方案。

（8）工地的专用电源箱应直接从工地变电室引入电源，距离不应超过20m。一般每个吊笼用一根大于25mm^{2}的铜线电缆连接，如距离过长应适当增加电缆的截面积。

（9）设置保护接地装置，接地电阻≤4Ω。

（10）工地供电电源电压最大偏差为±5%，供电功率不小于电机总功率。

（11）若工地采用发电机供电，必须配备无功补偿设备及稳压设备，以确保电源质量。

（12）工地应当配备合适的漏电保护开关。

（13）地锚的位置、附墙架连接埋件的位置是否正确和埋设牢靠。

（14）提升机的架体和缆风绳的位置是否靠近或跨越架空输电线路。必须靠近时，应保证最小安全距离，并应采取安全防护措施。

3. 检查安装工具设备及安全防护用具

（1）安装设备：1台8t以上汽车吊或适合现场的塔机。

（2）安装工具：吊笼专用吊具、符合载荷的绳索以及按使用说明书要求的扳手等工具。

（3）安全防护用品：安全帽、安全带、防滑鞋、劳保服等。

（二）物料提升机的安装

1. 安装场地要求

（1）安装前，物料提升机的场地应符合说明书所规定的承载能力要求。

（2）安装基础的表面应平整，基础应具有排水能力。

（3）对于高度超过30m的物料提升机，基础应能可靠地承受作用在其上的全部荷载。基础的埋深与做法，应符合设计和提升机出厂使用规定。

（4）对于高度低于30m的物料提升机，当无设计要求时，应符合下列要求：1）土层压实后的承载力，应不小于80kPa；2）浇筑C20混凝土，厚度300mm；3）基础表面应平整，水平度偏差不大于10mm。

2. 安装程序及注意事项

（1）安装前首先检查龙门架体的垂直度，导轨接点的错位差，立柱安装后要求在两个方向上作垂直度检查，倾斜度应保证在架体高度1.5‰以内，并不大于200mm；达不到标准的，应在底架下塞垫调整片，直到调整符合要求为止。

（2）地梁及加长腿安装在地基上调整好，用螺钉固定，将自升工作台至于地梁之上，注意工作台套架与地梁上装立柱的位置。

（3）两根立柱分别装有平台套架孔中的地梁上，调整好后用螺钉固定，并分别将两提升滑轮装在其上端固定。

（4）自升工作台升降机按正确的绕绳方式穿好钢丝绳、锁定。

（5）提升吊杆安装于自升工作台规定的位置上，并装好钢丝绳锁定。

（6）用平台升降机构的手动卷扬机将自升平台提升至台面与立柱上端面平齐，使装在平台上的八个爬爪都能有效地卡在标准节的横担角钢上。

（7）两根备用立柱通过杆节起升机构装入已安装调整好的立柱上，调整并固定。

（8）重复（5）和（6），使工作台行至第二节立柱上端并用爬爪定位。

（9）按相关规定安装卷扬机构（见后面传动系统安装）。

（10）放入吊笼，装配好附件安装好钢丝绳。

（11）重复上述工作（此时开始，立柱的运输靠吊笼升降来完成），达到需要高度。

（12）锚固件的安装。

三、物料提升机的拆卸程序

（一）拆卸前检查程序

（1）金属结构的成套性和完好性；

（2）提升机构是否完整良好；

（3）电气设备是否齐全可靠；

（4）基础位置和做法是否符合要求；

（5）地锚的位置、附墙架连接埋件的位置是否正确和埋设牢靠；

（6）提升机的架体和缆风绳的位置是否靠近或跨越架空输电线路。

（二）物料提升机的拆卸程序

1. 拆卸场地要求

（1）拆卸场地应设置警戒区域。

（2）如需使用辅助拆除设备（如汽车吊），应保证辅助拆除设备的支撑面具备相应的承载能力。

（3）提供必要的运输车辆场地。

2. 拆除场地及注意事项

（1）提升吊杆安装于自升工作台规定的位置上，并装好钢丝绳锁定。

（2）用平台升降机构的手动卷扬机将自升平台提升至台面与立柱上端面平齐，使装在平台上的八个爬爪都能有效地卡在标准节的横担角钢上。

（3）拆除两根立柱，通过杆节起升机构拆除立柱，并放在工作平台内。

（4）重复上述过程将立柱逐步拆除。

（5）拆除工作平台和卷扬机。

（三）拆卸的安全操作要求

1. 操作要求

（1）拆卸场地应清理干净，用标志杆围起来，禁止非工作人员入内。

（2）防止拆卸地点上方掉落物体，必要时加安全网。

（3）拆卸过程中必须有专人负责统一指挥。

（4）如果有人在导轨架上或附墙架上工作时，绝对不允许开动吊笼。

（5）吊笼上的零部件必须放置平稳，不得露出安全门外。

（6）利用吊杆进行拆卸时，不允许超载，吊杆只可用来安装和拆卸升降机零部件，不得用于其他用途。

（7）吊杆有悬挂物时，不得开动吊笼。

（8）拆卸作业人员应按高处作业的安全要求，包括必须戴安全帽、系安全带、穿防滑鞋等，不要穿过于宽松的衣物，应穿工作服，以免被卷入运行部件中发生安全事故。

（9）拆卸过程中，必须笼顶操作，不允许笼内操作。

（10）吊笼启动前应先进行全面检查，确保升降机运行通道无障碍，消除所有安全隐患。

（11）拆卸运行时，绝对不允许超过额定拆卸载重量。

（12）雷雨天、雪天或风速超过 13m/s 的恶劣天气时不能进行拆卸作业。

（13）严禁夜间进行拆卸作业。

（14）拆卸前，必须检查防坠落装置的可靠性。

2. 安装单位应当履行的安全职责

（1）按照安全技术标准及建筑起重机械性能要求，编制建筑起重机械安装、拆卸工程专项施工方案，并由本单位技术负责人签字；

（2）按照安全技术标准及安装使用说明书等，检查建筑起重机械及现场施工条件；

（3）组织安全施工技术交底并签字确认；

（4）制定建筑起重机械安装、拆卸工程生产安全事故应急救援预案；

（5）将建筑起重机械安装、拆卸工程专项施工方案，安装、拆卸人员名单，安装、拆卸时间等材料报施工总承包单位和监理单位审核后，告知工程所在地县级以上地方人民政府建设主管部门。

使用单位应当履行的安全职责使用单位应当对在用的建筑起重机械及其安全保护装置、吊具、索具等进行经常性和定期的检查、维护和保养，并做好记录。

使用单位在建筑起重机械租期结束后，应当将定期检查、维护和保养记录移交出租单位。

建筑起重机械租赁合同对建筑起重机械的检查、维护、保养另有约定的，从其约定。

四、物料提升机的安全保护装置

1. 物料提升机的安全保护装置

物料提升机的安全保护装置主要包括：安全停靠装置、断绳保护装置、载重量限制装置、上极限限位器、下极限限位器、吊笼安全门、缓冲器和通信信号装置等，见《龙门架及井架物料提升机安全技术规范》（JBJ 88）。

（1）安全停靠装置

当吊笼停靠在某一层时，能使吊笼稳妥的支靠在架体上的装置，防止因钢丝绳突然断裂或卷扬机抱闸失灵时吊篮坠落。其装置有制动和手动两种，当吊笼运行到位后，由弹簧控制或人工搬动，使支承杆伸到架体的承托架上，其荷载全部由承托架负担，钢丝绳不受力。当吊笼装载125％额定载重量，运行至各楼层位置装卸荷载时，停靠装置应能将吊笼可靠定位。

（2）断绳保护装置

吊笼装载额定载重量，悬挂或运行中发生断绳时，断绳保护装置必须可靠地把吊笼刹制在导轨上，最大制动滑落距离应不大于 1m，并且不应对结构件造成永久性损坏。

（3）载重量限制装置

当提升机吊笼内载荷达到额定载重量的 90％时，应发出报警信号；当吊笼内载荷达到额定载重量的 100％～110％时，应切断提升机工作电源。

（4）上极限限位器

上极限限位器应安装在吊笼允许提升的最高工作位置，吊笼的越程（指从吊笼的最高位置与天梁最低处的距离）应不小于 3m。当吊笼上升达到限定高度时，限位器即行动作切断电源。

（5）下极限限位器

下极限限位器应能在吊笼碰到缓冲装置之前动作。当吊笼下降至下限位时，限位器应自动切断电源，使吊笼停止下降。

（6）吊笼安全门

吊笼的上料口处应装设安全门。安全门宜采用连锁开启装置安全门连锁开启装置，可为电气连锁，如果安全门未关，可造成断电，提升机不能工作；也可为机械连锁，吊笼上行时安全门自动关闭。

（7）缓冲器

缓冲器应装设在架体的底坑里，当吊笼以额定荷载和规定的速度作用到缓冲器上时，应能承受相应的冲击力。缓冲器的形式可采用弹簧或弹性实体。

（8）通信信号装置

信号装置是由司机控制的一种音响装置，其音量应能使各楼层使用提升机装卸物料人员清晰听到。当司机不能清楚地看到操作者和信号指挥人员时，必须加装通信装置。通信装置必须是一个闭路的双向电气通信系统，使司机和作业人员能够相互联系。

2. 安全保护装置的设置

（1）低架物料提升机应当设置安全停靠装置、断绳保护装置、上极限限位器、下极限限位器、吊笼安全门和信号装置。

（2）高架物料提升机除了应当设置低架物料提升机应当设置的安全保护装置外，还应当设置载重量限制装置、缓冲器和通信信号，见《龙门架及井架物料提升机安全技术规范》（JBJ 88）。

五、物料提升机的安装与拆卸

1. 安装前的准备

（1）根据施工要求和场地条件，并综合考虑发挥物料提升机的工作能力，合理确定安装位置。

（2）做好安装的组织工作，包括安装作业人员的配备，高处作业人员必须具备高处作业的业务素质和身体条件。

（3）按照说明书的基础图制作基础。

（4）基础养护期应不少于7d，基础周边5m内不得挖排水沟。

2. 安装前的检查

（1）检查基础的尺寸是否正确，地脚螺栓的长度、结构、规格是否正确，混凝土的养护是否达到规定期，水平度是否达到要求（用水平仪进行验证）。

（2）检查提升卷扬机是否完好，地锚拉力是否达到要求，刹车开、闭是否可靠，电压是否在380V±5%之内，电机转向是否合乎要求。

（3）检查钢丝绳是否完好，与卷扬机的固定是否可靠，特别要检查全部架体达到规定高度时，在全部钢丝绳输出后，钢丝绳长度是否能在卷筒上保持至少3圈。

（4）各标准节是否完好，导轨、导轨螺栓是否齐全、完好，各种螺栓是否齐全、有效，特别是用于紧固标准节的高强度螺栓数量是否充足，各种滑轮是否齐备，有无破损。

（5）吊笼是否完整，焊缝是否有裂纹，底盘是否牢固，顶棚是否安全。

（6）断绳保护装置、重量限制器等安全防护装置应事先进行检查，确保安全、灵敏、可靠无误。

3. 安装与拆卸

井架式物料提升机的安装，一般按以下顺序：将底架按要求就位→将第一节标准节安装于标准节底架上→提升抱杆→安装卷扬机→利用卷扬机和抱杆安装标准节→安装导轨架→安装吊笼→穿绕起升钢丝绳→安装安全装置。物料提升机的拆卸，按安装架设的反程序进行。

六、安全使用和维修保养

1. 物料提升机的安全使用

（1）建立物料提升机的使用管理制度。物料提升机应有专职机构和专职人员管理。

（2）组装后应进行验收，并进行空载、动载和超载试验。

1）空载试验：即不加荷载，只将吊篮按施工中各种动作反复进行，并试验限位灵敏程度。

2）动载试验：即按说明书中规定的最大荷载进行动作运行。

3）超载试验：一般只在第一次使用前，或经大修后按额定载荷的125%逐渐加荷进行。

（3）物料提升机司机应经专门培训，人员要相对稳定，每班开机前应对卷扬机、钢丝绳、地锚、缆风绳进行检验，并进行空车运行。

（4）严禁载人。物料提升机主要是运送物料的。在安全装置可靠的情况下，装卸料人员才能进入到吊篮作业，严禁各类人员乘吊篮升降。

（5）禁止攀登架体和从架体下面穿越。

（6）司机在通信联络信号不明时不得开机。作业中不论任何人发生紧急停车信号，司机应立即执行。

（7）缆风绳不得随意拆除。凡需临时拆除的，应先行加固，待恢复缆风绳后方可使用升降机；如缆风绳改变位置，要重新埋设地锚，待新缆风拴好后，原来的缆风方可拆除。

（8）严禁超载运行。

（9）司机离开时，应降下吊篮并切断电源。

2. 物料提升机的维修保养

（1）建立物料提升机的维修保养制度。

（2）使用过程中要定期检修。

（3）除定期检查外，提升机必须做好日常检查工作。日常检查应由司机在每班前进行，主要内容有：

1）附墙杆与建筑物连接有无松动，或缆风绳与地锚的连接有无松动；

2）空载提升吊篮做一次上下运动，查看运行是否正常，同时验证各限位器是否灵敏可靠及安全门是否灵敏完好；

3）在额定荷载下，将吊篮提升至离地面1～2m高处停机，检查制动器的可靠性和架体的稳定性；

4）卷扬机各传动部件的连接和紧固情况是否良好。

（4）保养设备必须在停机后进行。禁止在设备运行中擦洗、注油等工作。如需重新在卷筒上缠绳时，必须两人操作，一人开机一人扶绳，相互配合。

（5）司机在操作中要经常注意传动机构的磨损，发现磨绳、滑轮磨偏等问题，要及时向有关人员报告并及时解决。

(6) 架体与轨道发生变形必须及时维修。

第四节 物料提升机施工使用前的验收及办理使用登记

一、物料提升机施工使用前的验收组织

组织人员：施工总包单位项目生产副经理。参加人员：施工总包单位的项目生产副经理、机械员、安全主管、栋号长、外施队长等；监理单位的总监或总监代表；物料提升机产权单位的法人或法人委托人；物料提升机安装单位的法人或法人委托人

验收时间：第三方检测机构检测合格且出具检测报告后。验收地点：设备所在项目部现场。物料提升机施工使用前的验收程序。第一次验收：安装单位验收（填写相关表格）。第二次验收：第三方检测机构验收（一次性验收，出具检测报告）。第三次验收：四方（施工、监理、产权、安装）联合验收。

物料提升机施工使用前的验收内容应遵循《龙门架及井架物料提升机安全技术规范》（JGJ 88）的相关要求。也可以参考相关的地方标准［如：《施工现场钢丝绳式施工升降机检验规程》（DB 11/807）］。

物料提升机使用登记的办理。物料提升机安装验收合格之日起 30 日内，施工单位应向工程所在地县级以上地方人民政府建设主管部门办理建筑起重机械使用登记。在办理使用登记之前要做到办理了安装告知手续，并由第三方检测机构出具了合格检测报告，然后登录当地建设行政主管部门网站，凭用户名和密码网上填报“物料提升机使用登记表”并下载，由施工单位、监理单位签字盖章；有些省市还需要安装单位和设备供应方签字盖章，再按照当地建设行政主管部门要求，报送资料（包括但不限于设备产权方营业执照、设备注册登记证、产品合格证、维修保养制度、特种作业操作证等。安装资料包括安装单位营业执照、资质证书、安全生产许可证、安装人员特种作业操作证、安装拆卸方案及交底、安装自检表、安拆事故应急预案。施工单位的资料有租赁合同、与安装单位的安全协议、施工单位安全事故应急预案）。建设行政主管部门收到资料后，对资料进行审查，如果资料齐全、符合要求。一般在 3～5 个工作日在使用登记表上签署意见，并将登记表返还给施工单位。施工单位收到登记表后，将登记标志置于或者附着于该设备的显著位置。如果审查没有通过，施工单位应按照要求补齐资料，重新申报。

第五节 物料提升机的施工作业安全管理

一、各方主体应当履行的安全职责

（一）安装单位

(1) 按照安全技术标准及建筑起重机械性能要求，编制建筑起重机械安装、拆卸工程专项施工方案，并由本单位技术负责人签字。

(2) 按照安全技术标准及安装使用说明书等，检查建筑起重机械及现场施工条件，并对现场安拆施工条件提出书面指导意见书。

（3）组织安全施工技术交底并签字确认。

（4）制定建筑起重机械安装、拆卸工程生产安全事故应急救援预案。

（5）将建筑起重机械安装、拆卸工程专项施工方案，安装、拆卸人员名单，安装、拆卸时间等材料报施工总承包单位和监理单位审核后，告知工程所在地县级以上地方人民政府建设主管部门。

（6）安装单位应当按照建筑起重机械安装、拆卸工程专项施工方案及安全操作规程，组织安装、拆卸作业。

（7）安装单位的专业技术人员、专职安全生产管理人员应当进行现场监督。

（8）建筑起重机械安装完毕后，安装单位应当按照安全技术标准及安装使用说明书的有关要求，对建筑起重机械进行自检、调试和试运转。自检合格的，应当出具自检合格证明，并向使用单位进行安全使用说明。这里的使用单位指承租单位。

（9）建筑起重机械使用单位（产权单位）和安装单位应当在签订的建筑起重机械安装、拆卸合同中，明确双方的安全生产责任。

实行施工总承包的，施工总承包单位应当与安装单位签订建筑起重机械安装、拆卸工程安全协议书。

（二）产权单位（出租单位）

（1）建筑起重机械在使用过程中需要附着、顶升的，使用单位（产权单位）应当委托原安装单位或者具有相应资质的安装单位按照专项施工方案实施。验收合格后方可投入使用（这里的使用单位指产权单位或出租单位）。

（2）出租单位、自购建筑起重机械的使用单位，应当建立建筑起重机械安全技术档案。

（3）禁止擅自在建筑起重机械上安装非原制造厂制造的标准节和附着装置。

（三）使用单位（承租单位）

（1）使用单位应当自建筑起重机械安装验收合格（经专业检测机构检测合格）之日起30日内，将建筑起重机械安装验收资料、建筑起重机械安全管理制度、特种作业人员名单等，向工程所在地县级以上地方人民政府建设主管部门办理建筑起重机械使用登记。登记标志置于或者附着于该设备的显著位置。

（2）根据不同施工阶段、周围环境以及季节气候的变化，对建筑起重机械采取相应的安全防护措施。

（3）制定建筑起重机械生产安全事故应急救援预案。

（4）在建筑起重机械活动范围内设置明显的安全警示标志，对集中作业区做好安全防护。

（5）设置相应的设备管理机构或者配备专职的设备管理人员。

（6）指定专职设备管理人员、专职安全生产管理人员进行现场监督检查。

（7）建筑起重机械出现故障或者发生异常情况的，应立即停止使用，消除故障和事故隐患后，方可重新投入使用。

（8）使用单位应当对在用的建筑起重机械及其安全保护装置、吊具、索具等进行经常性和定期的检查、维护和保养，并做好记录。

使用单位在建筑起重机械租期结束后，应当将定期检查、维护和保养记录移交出租单位。建筑起重机械租赁合同对建筑起重机械的检查、维护、保养另有约定的，从其约定。

（四）施行总承包单位

（1）向安装单位提供拟安装设备位置的基础施工资料，确保建筑起重机械进场安装、拆卸所需的施工条件。

（2）审核建筑起重机械的特种设备制造许可证、产品合格证、制造监督检验证明、备案证明等文件。

（3）审核安装单位、使用单位的资质证书、安全生产许可证和特种作业人员的特种作业操作资格证书。

（4）审核安装单位制定的建筑起重机械安装、拆卸工程专项施工方案和生产安全事故应急救援预案。

（5）审核使用单位制定的建筑起重机械生产安全事故应急救援预案。

（6）指定专职安全生产管理人员，监督检查建筑起重机械安装、拆卸、使用情况。

（五）监理单位

（1）审核建筑起重机械特种设备制造许可证、产品合格证、制造监督检验证明、备案证明等文件。

（2）审核建筑起重机械安装单位、使用单位的资质证书、安全生产许可证和特种作业人员的特种作业操作资格证书。

（3）审核建筑起重机械安装、拆卸工程专项施工方案。

（4）监督安装单位执行建筑起重机械安装、拆卸工程专项施工方案情况。

（5）监督检查建筑起重机械的使用情况。

（6）发现存在生产安全事故隐患的，应当要求安装单位、使用单位限期整改；对安装单位、使用单位拒不整改的，及时向建设单位报告。

（六）建设单位

安装单位、使用单位拒不整改生产安全事故隐患的，建设单位接到监理单位报告后，应当责令安装单位、使用单位立即停工整改。

（七）其他注意事项：

从安装到使用应经过三次验收及检测：（1）安装完毕后安装单位进行自检，并出具自检合格证明；（2）产权单位（出租单位）委托具有相应资质的检验检测机构监督检验合格；（3）使用单位（承租单位）组织出租、安装、监理等有关单位进行验收。

二、物料提升机施工作业的不安全影响因素及安全防护措施

（一）人的行为影响因素

操作者：（1）持证上岗。卷扬机司机必须经专业培训，考试合格，持证上岗作业，并应专人专机，在工作期间禁止擅离岗位。（2）电源开关箱的钥匙应由指定人员管理。（3）物料提升机严禁载人上、下。（4）每日班前应对卷扬机、钢丝绳、地锚、地轮等进行检查，确认无误后试空车运行，合格后方可正式作业。

（二）设备影响因素

（1）应安装上行程限位并灵敏可靠，安全越程不应小于 3m。

（2）安装高度超过30m的物料提升机，必须使用附墙架。

（3）当吊笼处于最低位置时，卷筒上钢丝绳禁止少于3圈。

（4）导轨架垂直度偏差不应大于导轨架高度1.5‰。

（5）卷扬机应按规范设置卷扬机防护棚。

（6）当物料提升机未在其他防雷保护范围内时，应设置避雷装置。

（三）安全防护措施

（1）停层平台两侧需设置防护栏杆、挡脚板，平台脚手板应铺满、铺平。

（2）平台门、吊笼门安装高度、强度应符合规范要求，并应定型化。

（3）应在地面进料口安装防护围栏和防护棚。防护围栏、防护棚的安装高度和强度应符合规范要求。

三、物料提升机的安全操作要求

（一）事故应急预案及作业区的安全防护

1.事故应急预案

应急预案应包括但不限于以下内容：

（1）编制目的、编制依据、适用范围及工作原则（如统一领导、分级管理、整合资源、信息共享等原则）。

（2）应急组织机构与职责。

（3）预防预警机制：1）信息监测；2）预警行动；3）预警级别发布。

（4）应急响应：1）应急响应级别；2）应急响应行动；3）信息报送与处理；4）指挥和协调；5）应急处置；6）信息发布；7）应急结束。

（5）善后处理。

（6）应急保障：1）人力资源保障；2）财力保障；3）交通运输保障；4）技术装备保障。

2.作业区的安全防护

（1）必须将物料提升机额定载重量标牌置于吊笼醒目位置。

（2）卷扬机应按规范设置卷扬机防护棚。

（二）操作人员的安全操作要求

（1）卷扬机司机必须经专业培训，考试合格，持证上岗作业，并应专人专机。

（2）卷扬机安装的位置必须选择视线良好，远离危险作业区域的地点。

（3）每日班前应对卷扬机、钢丝绳、地锚、地轮等进行检查，确认无误后试空车运行，合格后方可正式作业。

（4）卷扬机在运行中，操作人员（司机）不得擅离岗位。

（5）司机离开时，必须切断电源，锁好闸箱。

（三）物料运输中的安全注意事项

（1）物料运输过程中，严禁人员随物料搭乘物料提升机。

（2）物料运输过程中，禁止超载运输。

附录：建筑施工起重机械安全监控管理系统简介

一、建筑起重机械安全监控管理系统的发展概述

早在20世纪90年代，欧洲、美国已普遍开始开发应用建筑起重机械安全监控管理系统，并列入强制性法规或标准。2006年，英国标准协会发布的欧洲标准《起重机　安全　塔式起重机》（BSEN：14439：2006），在“安全要求与安全措施”中就规定塔式起重机必须安装安全装置，包括运行限制器、起重量限制器、起重量指示器、防碰撞设备、工作空间限制器以及风速计等。

国际比较著名的塔机厂家，如德国的LIEBHERR公司、WOLFF公司、法国的POTAIN公司等，大都根据自己的起重机产品研制或定制有配套的安全监控装置。大型高效起重机的新一代电气控制装置已发展为全电子数字化控制系统，可进行信息传递、处理及动作控制，大大提高了综合自动化水平。

2010年7月，国务院《关于进一步加强企业安全生产工作的通知》（国发［2010］23号）中提出，建设坚实的技术保障体系，要求“强制推行先进适用的技术装备。……大型起重机械要安装安全监控管理系统。”国家质检总局特种设备安全监察局《关于进一步加强特种设备安全工作的若干意见》（国质检特［2010］518号）中，提出“联合有关部门加大对工程建设工地起重机械的监管，督促大型起重机械使用单位安装安全监控管理系统”。住房城乡建设部《关于贯彻落实〈国务院关于进一步加强企业安全生产工作的通知〉的实施意见》（建质［2010］164号）中，要求“工程项目的起重机械设备等重点部位要安装安全监控管理系统”。2012年7月颁布的《起重机械　安全监控管理系统》（GB/T 28264—2012），对起重机械安全监控管理系统的构成、系统监控内容以及系统性能、实验方法、系统检验等作了明确规定。2014年7月颁布的《建筑塔式起重机安全监控系统应用技术规程》（JGJ 332—2014），对建筑塔式起重机安全监控系统的功能与性能、安装与调试、检验、运行与维护等内容做了明确要求。

随着我国建筑业的持续快速发展，在建筑起重机械的使用更加广泛的同时，施工现场作业风险也日趋加大，依靠传统的企业安全管理和政府安全监管方式已不能满足施工安全生产的要求。因此，依靠信息化技术，推广和应用建筑起重机械安全监控管理系统，对防范和遏制建筑起重机械重大伤亡事故的发生，保障国家财产和人民生命财产安全，具有十分重要的意义。近年来，上海、辽宁、广州、武汉、杭州、成都等省市已要求推广应用建筑起重机械安全监控管理系统。当前，建筑起重机械安全监控管理系统应用最为广泛的主要是塔式起重机和施工升降机。

二、塔式起重机安全监控管理系统

（一）塔式起重机安全监控管理系统的基本原理和主要功能

1. 塔式起重机安全监控管理系统简介

塔式起重机安全监控系统由安装在塔式起重机上的硬件设备（俗称“塔机黑匣子”）

和远程监控系统平台软件组成，其单元构成为：信息采集单元、信息处理单元、控制输出单元、信息存储单元、信息显示单元、信息导出接口单元等。

目前，国内大部分厂家生产的塔式起重机安全监控管理系统都含有远程监控系统平台，可以在任何地方通过连接广域网的电脑对塔机工作过程进行远程在线监控，部分厂商已开发出基于智能手机的监控平台客户端（APP），可以通过手机随时随地掌握塔机安全工作状态。

2. 塔式起重机安全监控管理系统主要工作原理

塔式起重机安全监控管理系统通过安装在塔机上的各类传感器，实时采集塔机作业及工作环境的各项数据，包括起重量、起重力矩、起升高度、幅度、回转角度、运行行程信息、风速、驾驶员身份信息等，通过监控系统主机对数据进行智能分析和处理，对作业行为和环境变化给出危险判断，同时通过 GPRS 将塔机的运行状态数据发送至远程监控系统平台，用于安全管理人员远程监管，如附图 2-1。

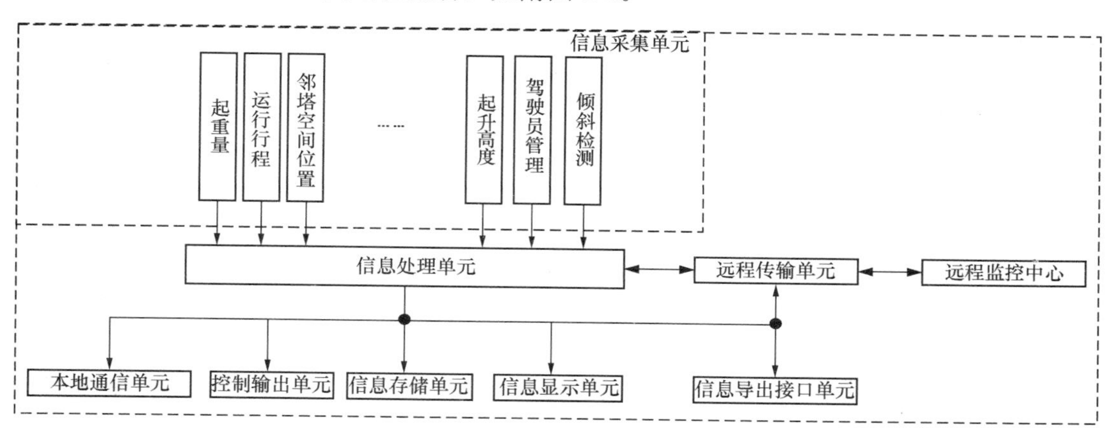

附图 2-1　塔式起重机安全监控管理系统结构模式示意图

3. 塔式起重机安全监控管理系统的主要功能

（1）防超载功能

防超载功能包括塔机起重量限制功能和起重力矩限制功能。将塔机的负载性能表植入塔机安全监控系统，当起重量达到塔机当前幅度下的额定起重量或起重力矩限值时，监控系统会发出语音或其他声光预警信号，并切断吊钩上升和幅度增大方向的动作信号，但塔机仍可向下降方向和幅度减小方向运动，直至报警解除后，塔机相应的限制动作解除。

（2）防碰撞功能

通过安全监控系统的无线通信模块，实现塔式起重机机群局域组网，使有碰撞关系的塔机之间的状态数据信息能够交互，当某台塔机安全监控系统检测与相邻塔机有碰撞的危险趋势时，能自动发出声光报警，给出图像提示，并输出相应的避让控制指令，避免由于驾驶员疏忽，或操作不当造成碰撞事故发生。

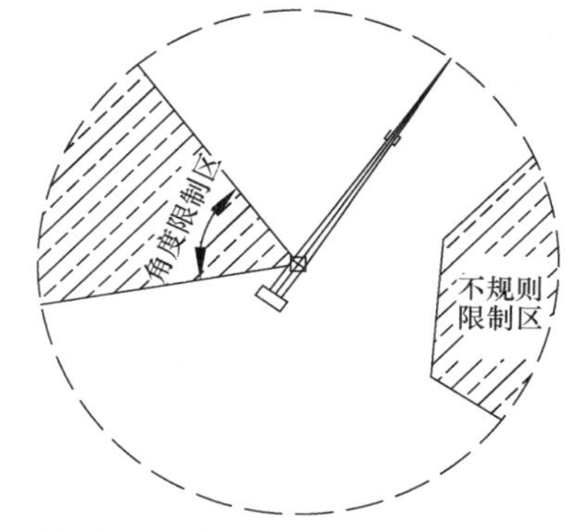

附图 2-2　塔机区域保护示意图

（3）区域保护功能（附图 2-2）

塔机的工作区域内有一些重点区域需要进行保护时，比如高于塔机起重臂的建/构筑物、居民区、学校、马路、高压线等，需设置限制区。当塔机起重臂、平衡臂或吊钩接近限制区时，监控系统自动发出报警及控制信号，防止其进入限制区后发生碰撞或物体坠落造成安全事故。如图，“角度限制区”是不允许起重臂进入的，在起重臂接近该区域时监控系统会发出报警；“不规则限制区”允许起重臂进入，但不允许吊钩进入，当吊钩接近该区域时监控系统会发出报警。

(4) 自诊断功能

塔机安全监控系统具有自诊断功能，能够在监控系统开机和使用过程中进行自检，在发现幅度、高度、吊重等重要部位传感器发生故障时给出提示，便于监控系统维保人员准确定位故障点，及时进行维保。

(5)“黑匣子”记录和追溯功能

监控系统实时记录塔机的运行状态，并进行滚动存储。管理人员可通过U盘等设备定期下载监控系统的记录，并通过专用软件进行回放操作。当出现安全事故时可通过读取黑匣子记录中实时数据对塔机的运行状态进行分析，作为事故分析的辅助，对事故发生时塔机的工作状态进行追溯。

(6) 驾驶员管理功能

通过在塔机安全监控系统中增加身份识别（IC卡识别、指纹识别、人脸识别、虹膜识别等）传感器，可以实现对塔机司机的管控，塔机上电后，监控系统会自动要求对塔机司机身份进行验证，只有通过身份验证的驾驶员，才能操作塔机。

（二）塔式起重机安全监控管理系统安装及使用注意事项

1. 使用环境条件及监控系统屏蔽要求

塔机安全监控管理系统的供电电压通常为交流220V/380V或直流24V。大部分监控系统从塔式起重机电控柜或驾驶室内直接取电。为避免作业环境的信号干扰，《起重机械安全监控管理系统》(GB/T 28264) 规定，监控系统的控制信号线宜选用双绞屏蔽线。双绞屏蔽线及监控系统自身电子元器件在运行过程中积攒的电荷需要有良好的通路引入地下，因此要求塔机自身的供电应有可靠的接零和接地保护。特别是对于我国北方的部分地区，气候条件干燥，不利于电荷的释放，更应保证监控系统有良好的接地条件。

2. 监控系统的信号类型和功能使用

监控系统的常用信号接口形式有：开关量信号、模拟量信号、脉冲量信号、总线数据信号等。不同的信号类型都通过系统主机分别进行采样分析，并通过内部处理器进行数据运算，从而实现监控系统的各项功能。

3. 监控系统的通信协议说明

《起重机械　安全监控管理系统》(GB/T 28264) 规定，“系统的用户通信协议应是对外开放的。”通过共同的通信协议标准，各厂家的塔机安全监控系统都可以接入远程监控系统平台，实现在同一平台上对不同厂家的监控系统数据进行查看和管理的目的。

4. 监控系统安装要求与综合误差控制

由于我国塔机安全监控管理系统的起步比较晚，目前国内进行监控系统安装主要分为两种情况：一是既有塔机的安全监控管理系统安装；二是塔机厂出厂前进行安装。后者在塔机出厂前已经完成安装；前者主要是在施工现场安装，相对而言，工况复杂，对安装的要求更高。要保证安装作业过程的安全，同时监控系统综合误差符合《起重机械　安全监控管理系统》（GB/T 28264）中“系统的综合误差不大于5%”的要求，要严格控制监控系统的安装过程，如附表2-1～附表2-4所示。

（1）监控设备的安装单位应按照《建设工程安全生产管理条例》的要求，建立和健全企业安全生产管理体系，逐级落实安全责任制度。企业应能定期组织对监控设备安装技术人员进行安全教育与安全技术交底。

（2）在既有塔机升级加装安全监控系统安装时，不得损伤塔机受力结构。在既有塔机升级加装安全监控系统安装时，不得改变塔机原有安全装置及电气控制系统的功能和性能。

（3）监控系统安装和调试完成后，安装人员应向系统使用和维保人员进行安全技术交底，明确系统的使用要求、日常维保注意事项等。

监控系统主机显示器安装图例　　　　**附表2-1**

监控系统主机、显示器安装（正确）	监控系统显示器安装（错误）
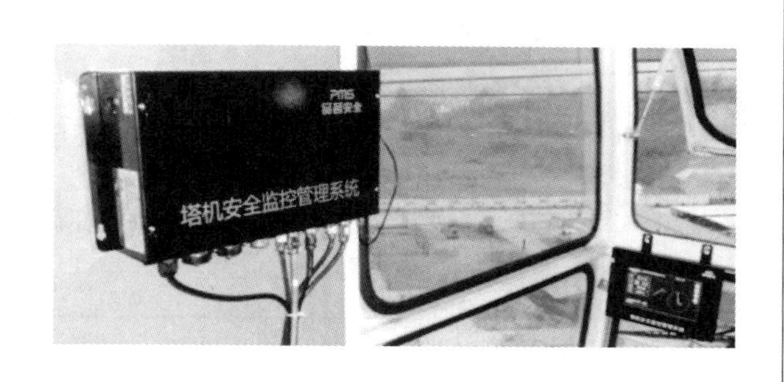	

【说明】显示器应安装在塔机驾驶室左/右前方，应不影响驾驶员正常操作，并且便于驾驶员观察。数据线的走线应平顺、美观。

起升高度传感器安装图例　　　　**附表2-2**

起升高度传感器安装（正确）	起升高度传感器安装（错误）

【说明】起升高度传感器应采用可靠连接方式与塔机原有装置连接，确保安装高度、前后位置一致，避免扭曲传动导致数据采集不准确。

风速传感器安装图例　　　　附表 2-3

风速传感器安装（正确）	风速传感器安装（错误） 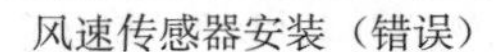

【说明】风速传感器应安装在塔机高处不挡风位置，并应用支架固定，严禁采用扎线带、胶带或者铁丝捆绑等方式固定。

回转传感器安装图例　　　　附表 2-4

回转传感器安装（正确）	回转传感器安装（错误） 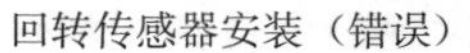

【说明】采用过渡齿轮安装的回转传感器，应保证固定牢固，其过渡齿轮应和塔机回转齿盘同模数，两齿轮啮合必须良好。

5. 监控系统使用的安全注意事项和案例警示

塔机驾驶员在接受安全技术交底后，应熟悉监控系统信息显示屏上各符号、文字所代表的含义，在出现任何危险报警提示时，驾驶员都必须认真对待，及时采取合理措施消除报警，不得强行向危险方向持续运行。

（1）超载预警控制

塔机应在额定载重量和额定力矩范围内进行安全操作。驾驶员在吊重作业时，应随时注意监控显示器上的载重量数据，当监控系统发出超载预警时，塔机驾驶员应观察显示器上提示的报警原因，进而能够对塔机做出正确的操作，通过减轻载荷、减小变幅或者直接落钩的方式减小塔机力矩，直至预警解除。

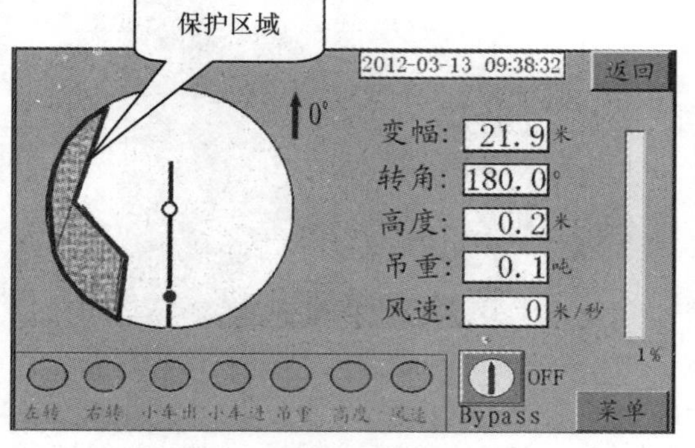

附图 2-3　监控系统上的区域保护屏幕显示

（2）区域保护预警与控制（附图 2-3）

对于在监控系统中设置了区域保护功能的塔机，会在监控系统信息显示单元终端突出显示出受保护区域的形状，在塔机即将进入受保护区时监控系统会发出区域限制预警，驾驶员应及时控制塔机向危险区域的运动，通过向安全方向摆动起重臂或者改变变幅位置等方式避开限制区直至预警解除。严禁强行进入限制区域，以免造成安全事故。

2012年7月4日，舟山某工地塔机在吊运物料时，驾驶员为图省事，大臂直接从工地附近的游乐场上方通过，导致物料坠落，所幸无人员伤亡，但此事引起游客投诉。事后经查看监控系统平台发现，该塔机安装的塔机安全监控系统已经在塔机的工作覆盖范围内设置了对游乐场的区域保护，塔机在通过游乐场前监控系统已经报警，并将报警数据发送至平台，但驾驶员置之不理，强行解除监控系统的控制，导致该事故发生。经调查，事发前该塔吊没有超载，造成物料坠落的原因是物料捆绑不牢。此监控系统的安装对事故原因的调查和分析起到了关键的作用。

（三）塔式起重机安全监控管理系统常见故障处理及维护保养

1. 常见故障及处理方法（附表2-5）

塔机监控系统常见故障主要可分为三大类：硬件故障，软件故障和通信故障。

常见故障与处理方法 **附表2-5**

故障现象	故障原因	故障类别	解决方法
显示屏单项或多项无数值	1）传感器和主机未有效连接 2）主机和显示屏通信连接数据线松动	硬件故障	检查连接线是否可靠连接
数据跳动剧烈或超常规值报警	1）传感器故障 2）现场环境干扰剧烈	硬件故障	1）检查传感器是否异常 2）提升系统抗干扰性能或找到并排除干扰源
群塔作业防碰撞塔机接收不到其他相关塔机的状态数据，或者出现数据跳动	1）通信模块功率不足或故障 2）通信信号被干扰 3）通信模块频率不同 4）工地塔式起重机之间的位置关系设置不对 5）塔式起重机的静态参数设置不对	通信故障	对故障原因分析后逐个排查解决

2. 监控系统的使用要求

（1）使用单位不得擅自拆卸监控系统构配件；

（2）凡有下列情况时应重新对监控系统进行调试、验证与调整。

1）在监控系统维修、部件更换或重新安装后；

2）在塔机倍率、起升高度、起重臂长度等参数发生变化后；

3）监控系统使用过程中精度变化、性能稳定性不能达到规定要求时；

4）其他影响监控系统使用的外部条件发生变化时；

5）塔机设备移机或转场安装后。

3. 日常维护保养的注意事项

（1）主机显示器的维护保养主要内容：

1）注意防水、防尘；

2）注意散热，不要在主机和显示器通风口上覆盖衣物等；

3）注意安装位置牢固，发现有固定松动应及时加固；

4）注意检查各传感器连接线牢固，发现有固定松动，应及时复位；

（2）外部传感器维护保养主要内容：

1）检查确认传感器固定是否牢固，安装支架等有损坏时应及时更换；

2）确保传感器数据线固定平顺，防止被挤压、扯断；

3）传感器安装有独立导向轮时，注意观察导向轮的磨损程度，达到报废标准时应及时报废。

4）对于防碰撞设备，驾驶员上班前，应观察显示屏上塔机的位置关系是否和实际一致，能否正确接收到其他塔式起重机的状态数据，发现通信异常时应及时通知监控系统维保人员排除故障。

三、施工升降机安全监控管理系统

（一）施工升降机安全监控管理系统的基本原理和主要功能

1. 施工升降机安全监控管理系统的基本原理（附图 3-1）

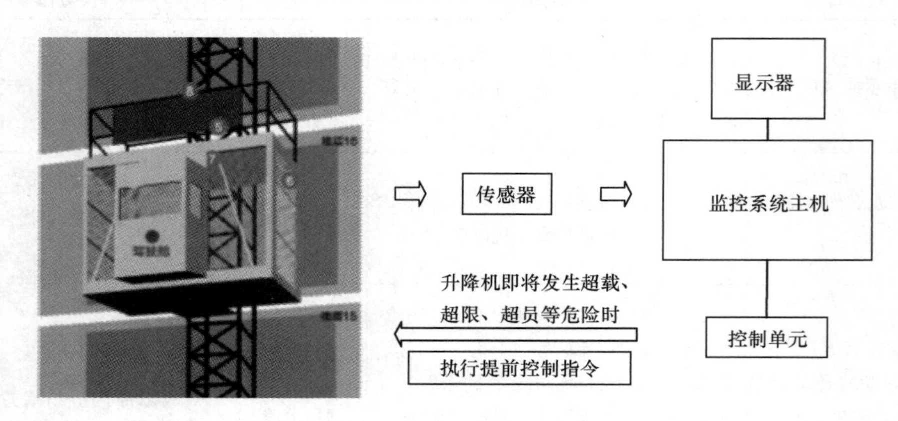

附图 3-1　监控系统基本原理

施工升降机安全监控管理系统通过安装在升降机上的传感器作为信息采集单元，检测升降机的载重、限位、楼层信息、驾驶员信息、吊笼内人数等，监控系统的信息处理单元和信息存储单元、控制输出单元和信号导出接口单元等内置在主机内，当升降机即将出现超载、超限、超员、非法操作时，监控系统发出语音或其他声光报警信号，并输出控制指令，限制升降机的运行，只有当危险解除时，才允许升降机继续运行。监控系统的运行数据、预警数据记录在信息存储单元内。同时，监控系统可以通过 GPRS 无线传输模块将施工升降机的各项运行数据发送至远程监控系统平台。通过本地信息存储单元和远程监控系统平台均可以实现对升降机运行过程和事故原因进行追溯和分析。

2. 施工升降机安全监控管理系统的主要功能

（1）自诊断功能

监控系统开机后进行自检，检测各传感器状态是否正常，当传感器状态异常时自动预警，提醒设备维保人员进行监控系统维护。

（2）身份识别功能

该功能是目前国内施工升降机安全监控管理系统的主要功能之一。尽管施工升降机发生安全事故主要有安装不到位、维保不及时等原因，但多数安全事故的直接原因都和非授权人员擅自操作施工升降机有关。2012 年 9 月 13 日发生在武汉某工地的施工升降机吊笼坠落事故，在升降机司机休息时，施工作业人员擅自操作施工升降机，在升降机吊笼运行至 33 层顶楼平台附近时突然倾翻，连同导轨架及顶部 4 节标准节一起坠落地面，造成吊笼内 19 人当场死亡。

身份识别功能是指通过身份识别装置，检测操作施工升降机的人员是否通过身份授权，未获得授权的人员无法启动升降机。常用的身份识别方式有人脸面部识别、指纹识别、虹膜识别、IC 卡识别等。

（3）防超载功能

通过安装在施工升降机上的载重量传感器，可以检测出升降机吊笼内人和物的重量。在超出额定载重量时，监控系统自动发出预警，并控制升降机吊笼停止运行，直至超载预警解除。

（4）数据记录和追溯功能

监控系统的信息存储单元会自动记录监控系统的操作记录，包括载重量、施工升降机上行或下行状态、运行时间、运行楼层、维保内容等信息。并可对以上信息进行数据统计。通过分析这些数据，可对施工升降机的安全事故原因进行追溯。

（二）施工升降机安全监控管理系统安装及使用的安全注意事项

1. 使用环境条件及系统屏蔽要求

与塔机安全监控管理系统类似，施工升降机安全监控管理系统供电电压通常为交流 220V/380V 或直流 24V。为避免作业环境的信号干扰，《起重机械　安全监控管理系统》（GB/T 28264）要求，监控系统的控制信号线宜选用双绞屏蔽线。

2. 监控系统的信号类型和功能使用

监控系统的常用信号接口形式有：开关量信号、模拟量信号、脉冲量信号、总线数据信号等。通过信号采集实现驾驶员身份识别、吊笼载重量、升降机上下运行状态、吊笼层数和运行速度等数据运算、展示和控制。

3. 系统的通信协议说明

与塔机安全监控系统类似，全国许多要求安装施工升降机安全监控系统的地区，都要求有统一的配套的安全监控平台，并且保留了平台的开放性特点。

4. 监控系统安装要求

（1）在既有施工升降机升级加装安全监控系统安装时，不得损伤施工升降机受力结构；不得改变施工升降机原有安全装置及电气控制系统的功能和性能；

（2）监控设备安装时，应将吊笼放在下限位，严禁在施工升降机运行时安装监控设备；

（3）安装完成后，安装人员应对升降机驾驶员、现场安全员进行书面安全技术交底。

5. 监控系统使用的安全注意事项

（1）在监控系统开机自检过程中有无报警、有无故障显示信息；

（2）空载运行检查，操纵施工升降机分别运行起升、停层等动作，运行行程显示值变化应与实际工作一致；

（3）监控装置显示数据无异常。

（三）施工升降机安全监控管理系统及常见故障处理及维护保养

1. 常见故障和处理方法

施工升降机安全监控管理系统的常见故障也可分为硬件故障、软件故障和通信故障三大类，见附表 3-1。

升降机监控常见故障处理 **附表 3-1**

故障现象	故障原因	故障类别	解决办法
升降机无法启动	1）身份识别系统通信异常，驾驶员身份无法正常识别 2）控制输出单元故障	硬件故障	对身份识别系统和控制输出单元进行逐步排查，检查线路是否松动
监控系统无法连接远程监控系统平台	1）通信流量卡欠费 2）移动信号是否异常	通信故障	1）流量卡充值 2）安装信号放大器
载重量异常	1）载重量标定不准确 2）载重传感器故障 3）现场环境干扰严重	软件故障	1）系统重新标定 2）更换载重传感器 3）提高系统抗干扰性能

2. 常见故障的处理流程和方法

遇有监控系统出现故障时，驾驶员应及时通知监控系统维保人员，在维保人员的指导下，详细、准确描述故障发生的现象，并初步排查故障发生的原因。驾驶员的正确描述，对监控系统故障定位和维修及时性起到非常关键的作用。

3. 日常维护保养的注意事项

（1）主机、显示器的日常检查和维护保养：

注意观察监控系统显示器显示是否正常，遇有监控系统异常时，应及时通知维保人员进行处理。

（2）外部传感器的日常检查和维护保养：

检查确认传感器是否固定牢固，安装支架等有损坏时应及时更换；确保传感器信号线固定平顺，防止被挤压、扯断；传感器安装有独立过渡齿轮时，注意观察过渡齿轮是否啮合良好。

四、建筑起重机械安全监控管理系统远程在线监控系统平台

（一）远程监控系统平台简介

监控系统设备终端将采集的各项数据通过通信模块发送到远程监控系统平台上，可实现远程监控系统平台与驾驶室显示器同步显示数据。部分地区还将建筑起重机械的备案管理和远程监控结合起来，实现备案管理和远程监控数据同步。

起重机械监控管理系统远程监控系统平台，是能够对起重机械进行远程在线监控，对设备重要运行参数和安全状态进行在线记录、统计分析和远程管理的 WEB 系统。其主要由基础数据信息管理、安全状态实时监控、违章预警报警管理、系统远程升级和数据智能统计分析等 5 大模块组成，如附图 4-1 所示。

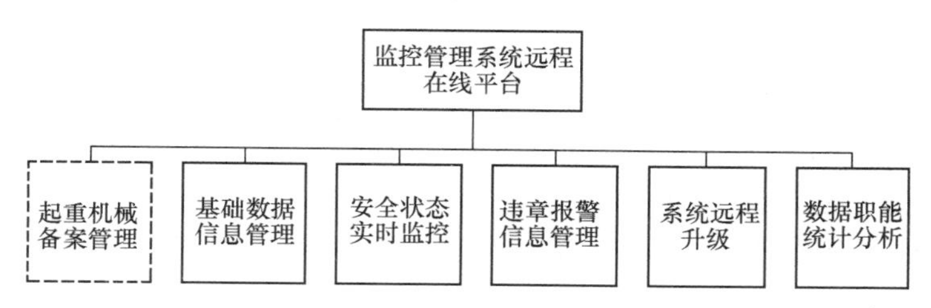

附图 4-1　建筑起重机械安全监控系统远程监控系统平台

（二）基础信息数据管理

基础信息数据主要包括建筑机械设备相关管理单位信息、工程信息、人员信息以及监控设备信息等基础数据，需要在使用在线监控平台前完成基础信息数据的录入工作。

（三）安全状态实时监控

安全状态的实时监控是远程监控系统的核心功能，主要为除司机外的起重机械设备安全管理人员提供实时数据，对不安全的作业行为及不安全的环境因素等进行实时预警、报警和远程控制，从而有效解决远程异地安全管控不到位的问题。

实时监控的内容有：回转角度、幅度、吊钩高度、力矩百分比、安全吊重、风速、吊绳倍率等作业数据，如附图 4-2、附图 4-3 所示。

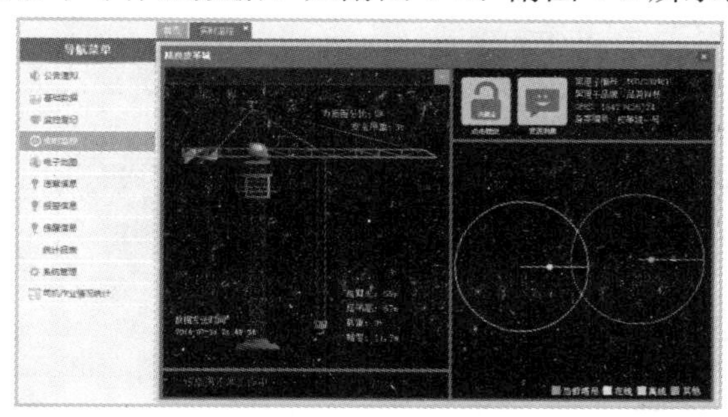

附图 4-2　实时数据模拟监控

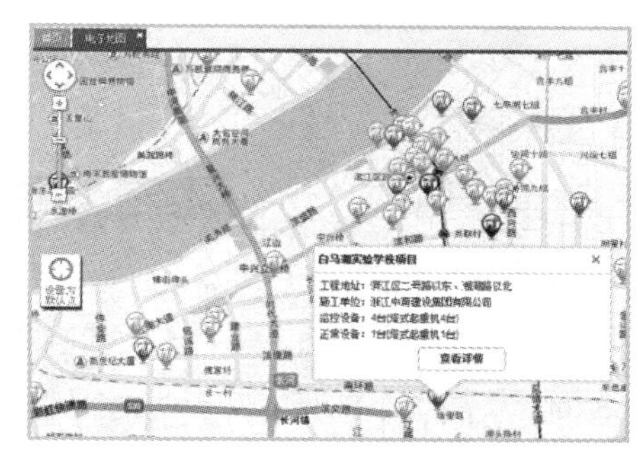

附图 4-3　塔式起重机位置电子地图

（四）违章报警信息管理

对建筑起重机械在工作过程中出现不安全行为时，只要计算机配备音响，在线监控平台可同步声光报警，并通过点击按钮实现给司机、安全员等相关人员发送短信及时告知。

对于超出规范操作要求的违章行为，管理人员可查询每台起重机械的违章次数，也可以查询每次违章的详细时间点，并根据需要对违章的过程进行全程模拟回放，如附图4-4、附图 4-5 所示。

附图 4-4　塔式起重机设备违章统计

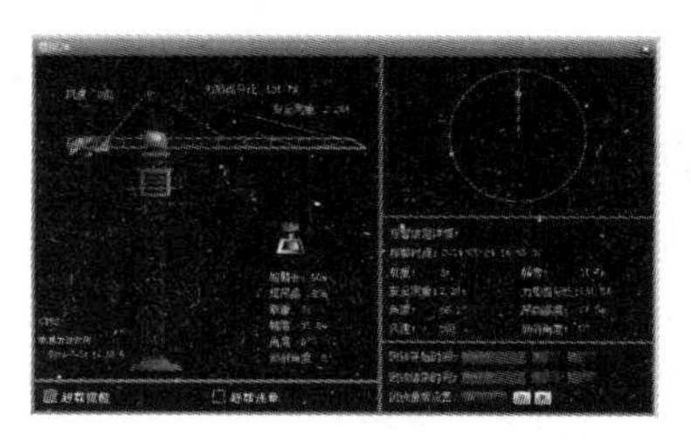

附图 4-5　违章的过程全程模拟回放

（五）数据智能统计分析

数据智能统计分析是远程监控系统平台最强大的功能之一，可以实现对起重机械运行各项数据的综合统计分析，系统掌握起重机械设备的安全状况，以及司机的技能水平和工作状态，从而对建筑起重机械的安全生产态势进行科学预测和控制。主要包括起重设备报警趋势分析，起重机械安全状态分析，工地起重机械危险性趋势分析等，如附图 4-6～附图 4-8 所示。

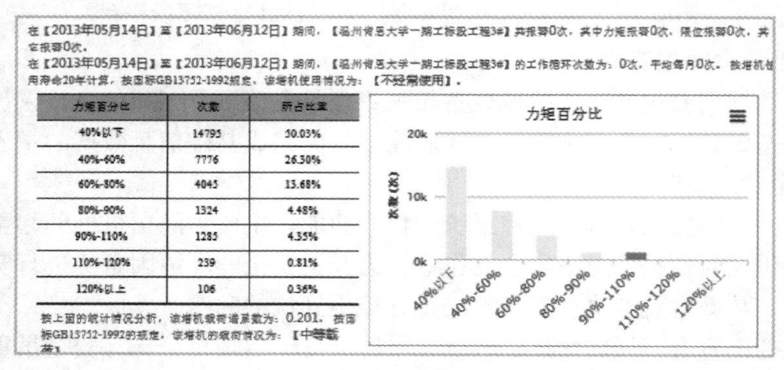

力矩百分比	次数	所占比重
40%以下	14795	50.03%
40%-60%	7776	26.30%
60%-80%	4045	13.68%
80%-90%	1324	4.48%
90%-110%	1285	4.35%
110%-120%	239	0.81%
120%以上	106	0.36%

附图 4-6　起重机械安全状态分析图

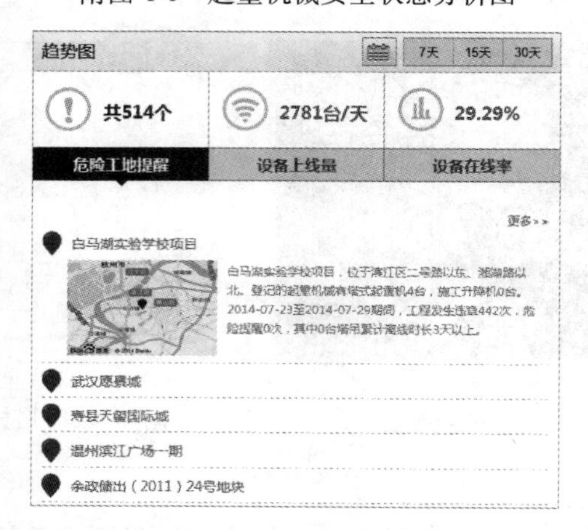

附图 4-7　起重机械危险性趋势图

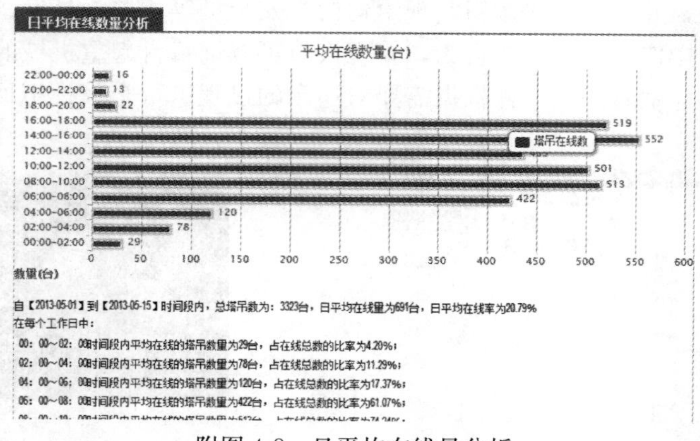

附图 4-8　日平均在线量分析

建筑起重机械安全监控管理系统作为一种科技手段，能够对建筑起重机械安全生产过程中人的不安全行为、物的不安全状态起到有效监控管理作用。但是，再先进的科技手段也只是辅助手段。建筑起重机械安全监控管理系统不是万能的，更不是保险箱，在实际应用过程中还需要过硬的专业技能，良好的安全意识，科学的管理方法，才能达到最佳效果。